The
NO-SUGAR !
Desserts and Baking

無糖

甜點烘焙寶典

The

NO-SUGAR！
Desserts and Baking

無糖
甜 點 烘 焙 寶 典

甜點大師的65道製作秘訣不藏私

伊珊 · 斯蓓維克（Ysanne Spevack）◎著

妮奇 · 多伊（Ncki Dowey）◎攝影

晨星出版

CONTENTS

一起開始無糖生活吧！

我常常在想，要怎麼樣才能做出賓主盡歡的特色料理：健康的主菜、熱呼呼的湯、清脆的沙拉……沒錯這些都很重要！但唯有加上甜點，才能讓一頓家常料理令人回味無窮。甜點的力量，能讓普通的晚餐變成一場豐盛饗宴；讓賓客覺得備受尊崇；讓他們知道，這不只是一頓簡單的家常便飯而已。

我是英國人，但在洛杉磯和紐約住了十幾年。我的坐上嘉賓有熱愛甜食的男性和注重身材的女性，要做出滿足所有人的甜點對我來說是場極致的挑戰。這些年來，我做過各式各樣的甜點，讓全部的客人都能盡情享用。嗜甜的螞蟻人不必委屈味蕾，在意健康的養生者也能毫無罪惡感地自在品嘗。

我喜歡用生可可和枸杞等超級食物做加州風的裸食甜點、烘烤香濃甜蜜的紐約式杯子蛋糕、還有暖心又療癒的傳統英式烤布丁。

本書的食譜有適合帶在餐盒裡的小點心、平日晚餐後的快速無糖甜點、夏季消暑的無糖冰品，以及冬季裡充滿懷舊情緒、適合配杯熱茶的熱烤布丁。當然還有經典的聖誕甜點和下午茶茶點，還有精心研發的無糖派、司康、餅乾、糖果、和誘人的生日蛋糕。

書中有很多食譜是無麩質、低麩質、純素、或是無乳製品的。當然，每一道都是無糖的！請盡情享用這些美味、無負擔的甜點，一起開始無糖生活吧！

伊珊‧斯蓓維克

少一點，更好！

低麩質、少乳製品及無糖是很多人努力想達成的每日飲食目標，希望可以不特別嚴格限制，保留一點飲食的樂趣，但又要能減少攝取不健康的食材。在這本書中，收集了以水果天然甜味為基底的食譜、裸食食譜（raw recipes），以及用其它食材代替糖的傳統烘焙糕點配方。其中大部份的食譜是小孩及成人都能享用的。有些符合原始人飲食（Paleo diet）以及全素主義者的飲食原則，但有些則仍針對一般家庭喜好，含有蛋、奶、及小麥等食材。

我的無糖理念

希望本書能幫助你及全家人戒掉飲食中所有的精製糖。我的理念是運用未過度加工或精化、富含礦物質及植物營養素的營養食材，做出健康美味的甜點。

我先聲明，本書所定義的糖，指的是包裝上有「糖」這個字眼的東西。書中很多食譜確實含有會引起血糖升高的單一碳水化合物成分，如：蜂蜜，因此糖尿病患者在參考本書前請先諮詢醫師。雖說如此，第一型糖尿病的患者還是能安心享用本書裡大多數的食譜，這些甜點的熱量較低也較不易造成蛀牙。

對我來說，避免食用精製糖，不只能降低葡萄糖對血糖的負面影響，更重要的是提升了我們對營養、有機、未加工等有益食材的使用。

無糖飲食讓你心情變得更好，白天更有精神。有助孩子發育成長，讓學習表現更好、更專注。

無糖飲食能提升整體健康，晚上更好入睡、皮膚變得

無糖甜點烘焙寶典

無糖飲食
讓你心情變得更好，
白天更有精神。
有助孩子發育成長，
讓學習表現更好、
更專注。

我的理念是運用
未過度加工或精化、富含
礦物質及
植物營養素的
營養食材，
做出健康美味的甜點。

光滑、感官直覺更敏銳、避免疾病、增強生育能力。而攝取富含礦物質食物的同時又能刺激味蕾，不必再為吃而充滿罪惡感。

無糖飲食並非退而求其次，而是更美味愉悅的選擇。你將發誓永遠不再買糖，而你的親朋好友也絕不會抱怨，因為他們根本不會發現！

運用浸漬水果、烘烤蔬菜或浸泡種籽等傳統手法，讓這些尋常的食材，搖身一變成為無糖甜味劑。

無糖甜點更好吃

我們很幸運地身處在一個食材無國界的美好年代，但學習運用這些食材得花點工夫。

我在這些食譜中用了多種不同的無糖甜味劑，其中某些食材對你來說可能很陌生。

有些天然未加工的甜味劑，最近才出現在西方國家，但在原產地已經有悠久的歷史。

當然，這也沒什麼新奇的。從發現第一條跨海航程後，冒險家就沿著香料之路，把新的食材帶進歐洲。人們開始旅行的原因之一，就是想滿足探索新鮮風味的欲望，然後把這美好的風味帶回家鄉種植在自己的田園裡。

書中有一些食譜使用常見的蔬果帶出天然甜味。運用浸漬水果、烘烤蔬菜或浸泡種籽等傳統手法，讓這些尋常的食材，搖身一變成為無糖甜味劑。

蜂蜜，有些人因為害怕高升糖指數而不吃，但它具有多層次的味道和質地，其他蜜蜂製造的蜂膠、蜂王乳、及蜂蠟等副產品，同樣具有健康又有機的特性，在我的無糖甜味劑殿堂中佔有重要地位。

這些食譜大部份是我從頭研發的，即使有些是改良自傳統甜點，也都經過仔細地測量與嘗試，才得以選擇出最搭調的無糖甜味劑。

最好先認識天然的甜味劑，如此才能自由運用。不同廠牌的甜味劑品質差異性極大，我列出了我最喜歡的品牌和種類，你可以自行選擇，決定哪些食材可以常常食用，哪些食材偶爾為之就好。

為什麼不吃糖？

充分認識
天然甜味劑，
才能明白
該如何運用。
不同廠牌的甜味劑
品質差異性極大。

許多權威的醫學研究指出，每人一天攝取超過 25 克的糖，將導致糖尿病、肥胖、心臟病、發炎、免疫系統失調及憂鬱症。

因此，世界衛生組織建議成年人一天攝取的精製糖，不要超過每日熱量的百分之 5；也就是 25 克，大約等於 6 小匙。目前，英國成年人平均每日糖份攝取量為 50 克，青少年約 75 克，比專家建議的量多了三倍。

美國的成年人平均每天攝取 200 克精製糖，足足高出世界衛生組織建議安全量的 8 倍之多。

世界衛生組織的成員是一群嚴謹的專家，不會隨便提

出極端意見。他們的建議都經過仔細評估，並有大量的醫學研究作為依據。

雖然吃太多糖確實對健康有害，很多糖的替代品也各有缺點，尤其是人造產品。阿斯巴甜（aspartame）是最為廣泛運用的人工甜味劑，但它會造成多種健康問題，例如讓大腦更渴望食物。阿斯巴甜會抑制人腦感到飽足及停止進食的激素，所以如果喝下一罐含阿斯巴甜的罐裝飲料，比起含精製糖的飲料，飲用者可能會想繼續吃更多的食物。阿斯巴甜也會導致淋巴癌和白血病，很多人反應就算只吃到一點點也會引發頭痛。阿斯巴甜通常以 NutraSweet 和 Equal 等品牌名稱販售，基於這些原因，有機食品禁止使用這種甜味劑。

有些甜味劑雖然是天然未精化的，卻也有隱藏的缺

無糖甜點烘焙寶典

不吃糖當然很好，
我會引導你
如何健康地替換掉
自製甜點中的糖分，
能在家實際運用，
並符合現代人
忙碌的生活。

點，除了健康的問題外，另一個原因是，在自家廚房並不適用。

　　本書的精髓就是要引導你，如何健康替換掉甜點中的糖分，而且能在家中廚房實際運用，並符合現代人忙碌的生活。我會協助你從含糖量過多的飲食轉換為無糖飲食，同時避免加入大量不健康、甚至比糖更糟糕的代糖。更重要地是，我會教你怎麼做會更好吃！

　　美味才是關鍵，有健康食品和你願意把它們吃下肚是不一樣的概念。在富含新鮮蔬菜的健康均衡飲食中，理智地加入一些甜點，更能增加生活的情趣。

　　請探索即將登場的甜味劑替代品，用這本書裡的食譜，做出美味的無糖甜點來吸引你的親朋好友吧！請繼續看下去……

無糖甜味劑

原蔗糖
RAW CANE SUGAR CRYSTALS

　　很多人可能搞不懂為什麼這個食材是糖的替代品，它難道不是精製糖！其實，原蔗糖並未過度加工，是富含健康功效的寶貴甜味劑。

　　原蔗糖是由甘蔗原汁蒸發而成，這種粗糖粒富含礦物質，營養價值高且升糖指數低。原蔗糖分解速度緩慢，釋放糖份至血液裡的時間比較長，不會造成血糖值劇烈地變化。

　　世界各地的甘蔗產區，都有新鮮甘蔗榨成的甘蔗原汁，以傳統的非精化手法，藉由日曬或小火加溫讓甘蔗汁的水份蒸發，保留其中的營養素。剩下的物質不僅僅只有糖份而已，也富含植物營養素，符合裸食原則。

　　精製糖是由甘蔗或甜菜根製成，而製作原蔗糖用的是一種不同品種的甘蔗。雖然名稱聽起來類似，但原蔗糖的礦物質含量比精製糖豐富得多。

　　我真心推薦使用這種食材取代精製糖，當然也要注意控制份量並配合均衡飲食。很多食譜都以一比一的比例用原蔗糖代替精製糖，用法很簡單。然而，在使用上它和精製糖還是有差別的，特別是在上色及焦化方面的效果，因此我不建議用它來做蛋白甜餅或焦糖烤布蕾。但原蔗糖富含礦物質以及維持血糖穩定的特性，是我最愛的甜味劑之一。

▲ 原蔗糖

原蔗糖
是由甘蔗原汁
蒸發而成。
這種粗糖粒
富含礦物質，
營養價值高
且升糖指數低。

在原蔗糖問市以前，我會推薦傳統的葡萄牙糖（Rapadura）。因此如果找不到原蔗糖，適量運用這種歷久不衰的天然食材也不錯。葡萄牙糖跟原蔗糖一樣，是將甘蔗原汁低溫蒸發後製成，但有時候使用的不是原生種甘蔗。另外，印度黑糖（jaggery）是印度流傳已久的傳統蔗糖，但製作時以高溫快煮的方式，將原汁裡面的營養素和酵素都被破壞了。這種印度黑糖通常也不是原生種甘蔗製成，因此我不推薦這種甜味劑。

我還要提醒，小心市面上各種以蔗糖當成行銷術語的產品，如：蒸發蔗糖（evaporated cane sugar）、蒸發甘蔗汁（evaporated cane juice），還有常見黑糖一類的品名，如糖蜜（muscovado、molasses）、紅糖（turbinado）、粗黑糖（demerarain the raw）等等。這些可能只是上色的精製糖，會造成血糖快速升降、缺乏礦物質、引起人體急性發炎反應，甚至導致糖尿病及肥胖等與糖份相關的慢性病。

甜菊 STEVIA

甜菊是一種產自巴拉圭的香草植物，瓜亞尼人已經食用了好幾百年。在自家花園就能輕鬆種植，看起來像是帶有細毛的薄荷葉或檸檬香草葉，是唯一零熱量的天然甜味劑。

如果你直接摘一片新鮮甜菊葉吃吃看，感覺會非常甜，而那略帶苦澀的尾韻以及強烈的草藥味和某些食譜並不太搭。新鮮甜菊葉比較適合用於水果沙拉或雞尾酒、或者加入派或布丁，我推薦把它當作甜甜的新鮮香草直接使用。

乾粉狀的甜菊用法和新鮮的一樣，但必須注意要減量

使用。乾粉甜菊的味道十分強烈，掌握用量時要注意。我
在製作口味重的水果冰沙時，偶爾會加入一小撮，但要注
意份量，不然可能會蓋掉冰沙原來的風味。

　　除此之外，還有其它的甜菊加工產品，例如甜菊萃取
液，是最適合加入冰沙或堅果奶品中增添熱飲的甜味，只
要加一小滴就夠了。這樣的甜菊液是甜菊葉泡酒萃取而成
的精華，市面上並沒有大量生產。

　　另外，市面上還有白粉狀的甜菊萃取物，看起來類似
精製白砂糖，經過高度加工後去除了草藥味，適合烘焙使
用。雖然是以天然原料為基礎，嚴格來說這種加工甜菊粉
並不天然。它比精製糖甜兩倍，加工去除葉片裡的苦甜分
子後只剩下甜菊醣苷，再用中性添加物增加份量，調成和
精製糖一樣的甜度，方便以一比一的比例在食譜中替換。
我個人並不推薦這種高度加工、失去香草植物本質的白色
甜菊粉。

椰棗 DATES

每年 12 月才能買到椰棗的時代已經過去了,那時候就算能買得到,也只能買到糖漬椰棗!現在不管是網路或實體店面,都能買到各式各樣道地又新鮮的椰棗,適合不同的用途。

椰棗分成軟、中、乾三種。我最喜歡 Medjool、Halawy、Barhi 和 Khadrawy 等品種的軟質椰棗,口感香濃綿密,味道超棒。中等硬度的椰棗雖然沒那麼甜但也不錯,保存期限比較長,適合放在儲藏室,使用時只要泡水半小時左右就軟化了。中等硬度的椰棗包括 Deglet Noor 和 Zahidi 等品種。

乾椰棗不適合直接吃,但可以泡軟做其它用途,又被稱為「麵包椰棗」,Thoory 是其中的品種。我不建議使用這種椰棗,因為不甜、不好吃、又不像軟椰棗或中等硬度的椰棗比較好運用。

有一種越來越常見的的產品叫做椰棗糖,其實就是乾燥後磨成細粉的 Thoory 椰棗。椰棗糖看起來像黑糖,但甜度只有一半。我喜歡新鮮的椰棗,可能的話儘量不要用椰棗糖,因為新鮮椰棗甜度跟味道都比較好。但是,我建議不妨在食材櫃裡準備一包椰棗糖以備不時之需,因為它很健康,製作餅乾、派、和冰沙時都能使用。椰棗富含纖維質及銅、鉀和鎂等礦物質,也是能紓緩壓力的維生素 B_6 的良好來源。

椰糖 COCONUT CRYSTALS

這是一種原產於泰國的天然食材,外觀像黑糖,帶有微微的焦糖味,溶解度很好。椰子樹結果實之前,會長出充滿蜜汁的大花。泰國男人在腳上綁繩子輔助,爬上高高

的椰子樹，把花從底部割開，用杯子接取花蜜，拿回地面後再小火蒸發掉椰子花蜜的水份。

　　市面上買得到這種罐裝的椰糖蜜，大多已經過這種蒸發手續。蒸發更久後變成濃郁的焦糖，再磨成碎粒的椰糖。去除水份的椰糖富含椰子花蜜所有的天然礦物質，抗氧化物、鐵、鋅、鈣和鉀的含量都很高，甜度大約是砂糖的四分之三。

　　椰糖可以完全代替精製砂糖，用途非常廣。英文的 Coconut crystals、 coconut sugar、 或 是 coconut palm sugar 指的都是椰糖，但棕櫚糖（palm sugar）是棕櫚樹莖萃取出的汁液蒸發水份而成，和椰糖不同。

　　我推薦椰糖，但所有的甜味食材都一樣，要注意食用的份量。我常用椰糖烘焙，也加入本書很多的食譜裡，歡迎你也試試看。

蜂蜜 HONEY

　　市面上可買到液狀、膏狀和結晶的蜂蜜，在料理時用法略有不同。只要未經過高溫殺菌處理的，我都喜歡，也推薦大家食用。

▼ 從左到右分別為椰糖和椰糖蜜

無糖甜點烘焙寶典

蜂蜜的
升糖指數很高，
建議酌量攝取，
並且僅食用
高品質的原蜜。

▼ 從左下順時針方向依序
為：結晶蜂蜜、膏狀蜂
蜜、液狀蜂蜜及蜂巢

液狀的原野生蜂蜜加工程度最少，但市售產品通常都經過殺菌處理的。這種蜂蜜最普遍，通常產自以糖餵食蜜蜂的大規模養蜂場。

然而，有機農場生產的未殺菌液狀蜂蜜，是直接把蜂巢裡的花蜜滴入罐子裡，有時還會附上一小塊蜂巢。這種蜂蜜適合用於料理食物中，健康又天然。

膏狀蜂蜜是不透明的濃稠形態，適合抹麵包或拌入熱茶，比較少用於料理。我喜歡在未殺菌膏狀蜂蜜罐裡加可食用精油，滴一點檸檬精油就變成檸檬酪了。

未殺菌的蜂蜜，無論是膏狀或液狀，放久後都會結晶。那種黏稠帶有顆粒的質感可增強食材的黏著性，更適合用來做甜麵包、蛋糕、餅乾等各種甜點。很值得在食材櫃裡特別囤放一罐液狀蜂蜜，等著它結晶。請注意有些蜂蜜比較不容易結晶，而橙花、石楠、酪梨等花蜜結晶速度則比較快。

最近市面上出現的一種蜂蜜粉

是一種乾粉狀的蜂蜜，通常都加了乾燥劑及增量劑，甚至人工甜味劑，最好別使用。就跟食鹽一樣，蜂蜜粉也加了抗結劑防止結塊，所以從來不會出現在我家的廚房。

我喜歡少量食用未殺菌的蜂蜜，把它當成保健食品而非甜味劑。我建議只吃原蜜，因為經過高溫殺菌處理後，蜂蜜的健康功效都消失了。

雖說如此，蜂蜜的升糖指數很高，我建議酌量攝取即可。尤其是糖尿病或潛在性糖尿病患者最好不要食用，要吃的話，淺嘗一點花粉或蜂王乳就好。

▲ 龍舌蘭糖蜜

所有蜜蜂產品都具有療癒功效，這也是這種天然食物豐富特性的之一。在世界各地的文化中，相信都會建議在均衡飲食中適量攝取蜂蜜。不妨嘗試食用各種不同蜂蜜，麥蘆卡、蕎麥、或各種單一花草蜜等都可以。

儘量別吃經過殺菌或精化程序的蜂蜜，那只是沒有營養的糖而已。未經過殺菌的原蜜能增強免疫能力，提升對感冒及花粉過敏等呼吸道疾病的抵抗力。

龍舌蘭糖蜜 AGAVE NECTAR

這是目前最受爭議的代糖食材，網路評論及健康專家對它褒貶不一。就我個人而言，我大力推薦貨真價實的龍舌蘭原糖蜜。我討厭不是真正的原生龍舌蘭糖蜜，因為那完全是不同的東西。真正的龍舌蘭糖蜜對身體沒有壞處，但市面上大多數號稱龍舌蘭糖蜜的產品都是魚目混珠的高果糖玉米糖漿，味道很可怕，稀稀的果糖質地看起來也不像從龍舌蘭植物上萃取出的膠狀物質。優質的龍舌蘭糖蜜是很棒的食材，未過度加工，風味絕佳，質地幾乎跟蘆薈膠一樣濃稠，無論外觀或味道都跟市面上常見的假貨差很多。它能穩定血糖，並有助腸道菌叢正常生長。因此，我

特別建議在裸食食譜中使用這種健康的甜味劑。

我推薦美國和英國都買得到的品牌 Ultimate Superfoods，以及其副品牌 Ojio。美國德州的有機農場 Glaser Organic Farm 所栽培的藍龍舌蘭糖蜜也非常優良。

龍舌蘭糖蜜（nectar）和龍舌蘭糖漿（surup）雖然名稱不同，其實是相同的東西。市面上也有粉狀的龍舌蘭在販賣，在某些食譜中可取代替糖粉，但是它不像糖粉那麼好操作，容易受潮，甜度也只有一半。

Ultimate Superfoods 的副品牌 Ojio 也推出龍舌蘭糖粉，一般料理並不建議使用，但我喜歡在烘焙甜點完成後灑上一些，它在乾燥狀態下看起來很像糖粉，大約過一小時後就會受潮變成透明的黏稠糖衣。

阿斯巴甜 ASPARTAME

現已廣泛證實這種人工甜味劑，會影響大腦控制飽足感的運作，讓人吃下過量的食物。雖然熱量低，但攝取後讓人體持續渴望食物而導致肥胖。這種高度加工又沒有任何營養的甜味劑最好別碰！它與許多癌症有關，特別是血癌；也被點名會引發頭痛、暈眩和噁心。

楓糖漿 MAPLE SYRUP

雖然楓糖漿的升糖指數不低，我還是很愛用，尤其是小量生產、高品質的楓糖漿實在太美味了。儘管它和精製糖一樣，對血糖有很大的影響，但在我的食材櫃裡還是會為楓糖漿留個位子。對我來說，它是增加風味的調料而不是無糖甜味劑，只要適量食用就好。這並不難，因為只需一點點楓糖漿，味道就很豐富。

楓糖漿的歷史和它的風味一樣獨特。楓糖漿是起源於

美國早期貴格會對蔗糖業的反對，當時蔗糖業是造成南方各州販賣黑奴的主要推手。貴格會伐木工人發現，春季時可以割開楓樹樹幹萃取汁液而不會傷害樹木。接著，他們在森林中升起柴火，大火煮滾採集來的汁液，濃縮到原汁液的四十倍濃度，這過程耗時一週之久。這整

▲ 楓糖漿和楓糖粒

個割開樹幹、採集汁液、煮成糖漿的過程，需要很多人參與，大家輪流守夜看顧柴火，因此有許多與楓糖漿有關的民俗音樂和歌曲應運而生。這種傳統的楓糖文化一直傳承到現在，親朋好友聚在樹林裡伴著熊熊烈火，一起煮楓糖漿載歌載舞。

　　當然，現在也發展出較為工業化的楓糖漿，製作過程也一樣費工。商業化楓糖漿通常會在樹幹上割開較大的洞，大量採集楓樹汁液；傳統小農則較為注重楓樹的健康維持和永續生長。產品本身差異不大，只是商業化楓糖漿濃縮的程序在工廠而不是森林裡而已。

　　楓糖漿分成不同的等級，從淺到深有不同的色澤。很多人特別偏好小農的產品。所有的楓糖漿都富鐵、鈣及鋅等礦物質，注意別買到高果糖玉米糖漿添加人工香料做成的假楓糖漿。不管哪一種等級，選購時請確認是百分百純楓糖漿。市面上也買得到楓糖漿濃縮而成的楓糖粒，風味和糖漿一樣有種醇厚的奶油香，甜度和砂糖類似，在多數食譜中可以直接替代。

雖然楓糖漿的升糖指數不低，我還是很愛用，尤其是小量生產、高品質的楓糖漿，實在太美味了。儘管它和精製糖一樣，對血糖有很大的影響，但我還是會為它留個位子。對我來說，它是增加風味的調料而不是無糖甜味劑。

多元醇類 POLYOLS

這一類的低熱量代糖包括木糖醇（xylitol）、赤蘚醇（erythritol）、山梨糖醇（sorbitol）、麥芽糖醇（maltitol）、乳糖醇（lactitol）、巴糖醇（isomalt）。這種高度加工的甜味劑，產自硬木發酵的植物性酒精。過去只限定販售給食品製造商，現在一般家庭也買得到粉狀或粒狀的產品。

低熱量的醇類適合烘焙，也是加工食品常見的原料。吃起來會讓舌尖有一種難以形容的奇特冰涼感，影響到甜點的風味。但只要加入下一頁會介紹的液狀甘油或薑粉等溫性食材中和即可。

醇類的升糖指數極低，不容易被人體消化，幾乎能完全排出體外。有一派說法是它的效果同等於非水溶性的粗纖維質，對消化系統有益，幫助培養腸道益菌叢；但也有人懷疑可能會改變原本腸道菌叢生態，長久下來可能有不良影響。因為這種添加物在市面上出現不夠久，因此還無法做出定論。

不管這類甜味劑對腸道菌叢的影響是好是壞，我認為應該把這種新問世、高度加工的添加物視為未認可的食材。雖然幾乎零熱量，又不會對血糖產生影響，適合做成為糖尿病患者設計的生日蛋糕；但目前我只建議在特殊場合偶爾使用，不要當成日常調味品。我每日使用的主要食材，都是禁得起時代考驗，經過多方認可的；而那些實驗室研發的新食材，尚未經過研究證實安全無虞的，我都用得戰戰兢兢。儘管如此，這本書裡還是收錄了一道使用木糖醇的食譜，因為我覺得此類甜味劑在無糖飲食中的地位仍不容忽略。我很樂意幫糖尿病患者做這樣的蛋糕，但我個人絕對不會想多吃一塊。

甘油 GLYCERIN

　　甘油又稱丙三醇，跟所有醇類一樣，升糖指數都很低，適合糖尿病患者食用。甘油跟之前介紹的粉狀醇類不同，它是一種高熱量的清澈液體，能增加甜點的溼潤度。

　　甘油的甜度大約是精製糖的一半，但熱量一樣高，所以不適合控制熱量的人。雖然熱量高，但具有低升糖指數的特性，不會造成血糖飆升及驟降。跟其他所有醇類一樣會影響腸道菌叢，且具有緩瀉效果。

　　雖然從植物或動物性的脂肪中也可提煉出甘油，但市面上的甘油幾乎都是生質柴油的副產品，因此是一種高度加工的食物添加劑。它在保溼方面的效果用途最廣，能用來製作蛋糕上的塑形杏仁膏或加入蛋糕中增加溼潤度。

　　這種食品添加劑我並不排斥，可以偶一為之，用在聖誕樹幹蛋糕上的杏仁膏裝飾、或是增加結婚蛋糕的潤澤度，但是我並不建議經常食用。

▲ 甘酒

甘酒 AMAZAKE

　　這是一種用穀物發酵製成的日式甜酒釀，但跟精化的麥芽糖漿不一樣，它保留了穀物的本體。可以試試加入布丁或果昔，或者直接挖來吃也很美味。它的特性類似優格，不太適合用於烘焙。這種活性發酵食材充滿酵素，我十分推薦。

▼ 羅漢果糖粉和糖漿

羅漢果萃取物 MONK FRUIT EXTRACT

　　羅漢果是一種天然健康、有甜味的水果，理論上它的萃取物應該是不錯的甜味劑，不過大部分市售的羅漢果萃取物卻添加了 90% 的葡萄糖。因此，除非你確定買到的 100% 的乾燥羅漢果粉，否則還是避免使用此類羅漢果萃

▲ 由左至右：甘草棒、甘草粉、和香草莢

取的產品。如果真的要買的話，記得仔細閱讀產品標示。事實上，現今市面上根本還沒出現純正的羅漢果甜味劑，大部分的成份都是葡萄糖，所以還是不用為妙。

三氯蔗糖 SUCRALOSE

三氯蔗糖是一種人工甜味劑，我自己不吃，也不建議使用。它可能比阿斯巴甜對人體的危害更大，在無糖飲食中毫無地位可言。

三氯蔗糖是由蔗糖氯化精煉而成，也就是在實驗室中將精製糖加入氯，繼續再加工製成的。它的升糖指數高，會引起肥胖及糖尿病，醫學研究顯示與白血病有相當程度的關聯，也會降低消化道內有益的菌叢數。

葡萄糖／麥芽糊精 DEXTROSE ／ MALTODEXTRIN

Dextrose 和 glucose 基本上都是葡萄糖，是高度加工、升糖指數非常高的甜味劑。麥芽糊精雖然是多糖，但它分解到血液裡的速度非常快，會造成血糖飆升，要避免使用。它們的加工程度更高，對人體的傷害絕不亞於精製糖。

▼由上至下：牧豆粉、板栗粉、和椰子粉

香料 SPICES

有些香料並非真的有甜度，但可以用來加強其他食物的甜味。肉桂可以提升甜品的風味，並促進人體胰島素的產生。甘草可以做成甘草粉，或是將甘草棒浸泡當茶。食譜中若要添加甘草茶或肉桂茶，需要加入液狀的介質，像是冰沙這樣的甜品。此外，我也相當推薦香草，這是許多甜點都適用的添加劑。

菊薯 YACON

菊薯又名雪蓮薯或雪蓮果，是原產於南美洲的塊根植物，可以新鮮食用，但大多製成菊薯糖漿在市面上販售。不管以甚麼形式食用，菊薯就如同燕麥一樣，會在消化系統中扮演益菌生的角色，有益人體腸道健康，同時也是用途廣泛的甜味劑。菊薯糖漿的升糖指數低，我十分推薦用來代替玉米糖漿或楓糖。在烘焙方面，可以使用粉末狀的菊薯糖粉。此外，菊薯的另一個好處是不會太甜。如果以一比一的比例取代玉米糖漿，做出來的點心大約只有原食譜一半的甜度，對於跟我一樣不愛甜膩的人來說，這樣更好。

▲ 菊薯糖漿

菊薯糖粉是我烤餅乾時常用的甜味劑，也常添加入果昔冰沙中，增加濃稠度。但我發現還是酌量使用為宜，因為如果影響腸道菌相的效果太強的話，就有點喧賓奪主了。

甜粉 SWEET FLOURS

有時試試用非小麥製成、帶點天然甜味的粉類來取代麵粉也不錯。這樣的粉類有牧豆粉、板栗粉、和椰子粉。這些粉類不但為烘焙食品帶來奇妙的甜味，通常也沒有麩質。不過因為這些粉類並不具一般麵粉在烘烤上的特性，因此建議從取代四分之一的量開始試用看看。如果是需要用到酵母發酵的食譜，則儘量避免使用；不過如果是烤蛋糕，則不妨取代麵粉試試看。

▼ 從下順時鐘方向依序為：
　椰子油、榛果油、開心果
　油

甜油 SWEET OILS

從堅果或種子中萃取出來的油脂通常帶有獨特的風味，有些還帶著甜味。比如說，椰子油適合用來煎鬆餅或

油炸甜甜圈。榛果油和開心果油都比一般堅果油更甜。我十分建議使用這些甜油，不妨投資收藏一些，記得放於冰箱冷藏，以免腐敗走味。

水果粉 FRUIT POWDERS

現在市面上出現一種冷凍水果粉（freeze-dried fruit powders）很有趣！有些水果粉並不會很甜，因為許多漿果類的水果都是酸的。我推薦你使用看看，那些水果味兒會讓味蕾以為吃到的食物夠甜了，但其實並不然。

草莓粉和芒果粉撒在水果沙拉上風味絕佳，也很適合用在任何泰式或是印度料理中，添加味覺層次。石榴粉則是絕佳的天然食用色素，能營造出深淺的顏色對比，特別適合撒在任何料理中作為裝飾，尤其是奶酪布丁等甜品。

香蕉粉非常甜，適用於奶酪、奶昔和烘焙食品當中，是用途最廣的水果粉。請參閱本書的香蕉雪糕食譜。

有些新鮮水果在市面上買不到，卻能夠買到冷凍果粉，如楊梅（yumberry）。儘管西方氣候也適合楊梅樹生長，但亞州以外的地區就是買不到楊梅。楊梅粉呈紅色，富含抗氧化成份，是很值得嘗試的水果粉。只不過烘烤過後，無法保有原來的鮮紅色，有些可惜。

▼ 香蕉粉、草莓粉、草莓乾

無糖甜點烘焙寶典

另外有一種水果，叫蛋黃果，只能買到粉狀，無法新鮮取得。蛋黃果在祕魯是很普遍的水果，口感溫和滑順，有點像香草口味的水果冰淇淋。蛋黃果粉很適合拌入冰沙、生乳派或是冰淇淋當中，提升口感。

猴麵包果生長在馬達加斯加島、非洲和澳洲等乾燥地區的一種古老猴麵包樹上。猴麵包樹又被稱為生命樹，它不但能長出果實，樹幹能儲存水分、樹纖維又可提供紡織原料、也能當作燃料。猴麵包粉呈米白色，口感滑順，有點像雪酪的感覺。猴麵包粉富含維生素 C 及抗氧化成份，因此使用時最好撒在已完成烘烤的甜品上，才不會因為加熱而破壞其營養素。

雖然水果粉的甜味來自天然果糖，但仍需酌量食用。而且伴隨著甜味，水果粉通常也有獨特的味道，因此在用量上得仔細斟酌。

水果粉不但有獨特的風味及顏色，還富含植物營養素、各類抗癌抗氧化成分，我十分推薦使用。

水果乾 DRIED FRUITS

水果乾在傳統甜點中廣為使用，如果水果乾用得多，精製糖的用量就可以減少。水果乾是完整食物（whole food），它的糖份和精製糖的化學成份並不相同，釋放葡萄糖的速度比較慢，而且富含水果中的維生素、礦物質、酵素、以及植物營養素。

我推薦試試以下的果乾：葡萄乾（raisins）、黃金葡萄乾（sultanas）、小粒黑葡萄乾（currants）、椰棗乾、無花果乾、藍梅乾、桑葚果乾、李子乾、櫻桃乾、芒果乾、木瓜乾、杏桃乾

儘管所有果乾都含糖，但不同果乾所含的營養素各不

▲ 從上順時鐘方向依序為：
杏果乾、無花果乾、櫻桃
乾、桑葚果乾、蘋果乾、
和鳳梨乾

相同，其製造過程也強烈影響營養含量。因此我不但依據其營養含量及風味來選擇果乾，也會根據製造過程是日曬或冷凍乾燥來選擇。舉例來説，小粒黑葡萄乾的抗氧化成份最高，因此是我最常用的品種。如果我真的要用黃金葡萄乾，我通常選擇以紅葡萄製成，而不是由白葡萄製成的，因為紅葡萄的抗氧化成份比較高。

很多營養素容易受高溫及光線的影響而遭到破壞，因此日曬葡萄乾所含的植物營養素較冷凍乾燥葡萄乾低。其他種類的果乾也是同樣的道理，所以冷凍乾燥的果乾比較好。

有些果乾還另外添加糖，像有些藍莓果乾是糖漬過的，因此選購果乾一定要仔細閱讀成份標示。烘焙時，盡可能使用冷凍乾燥、無糖的藍莓果乾，烘焙出來的糕點會像是用新鮮藍莓製成的。

李子乾和梅乾都是很棒的甜味劑。另外，有些野草莓是整個浸泡在蘋果汁裡醃漬的，浸泡過的野草莓乾口感變得更濕潤柔軟，吃起來像有草莓味的蘋果乾。

高果糖玉米糖漿 HIGH FRUCTOSE CORN SYRUP

高果糖玉米糖漿是我最不喜歡的甜味劑，不但缺乏維生素、礦物質、植物性營養素，而且熱量高、升糖指數幾乎也是最高的。儘管如此，這類甜味劑卻是目前最廣泛使

用的甜味劑，是造成肥胖、糖尿病、骨質疏鬆的元兇，也會造成人體軟組織發炎，引起頭痛、噁心等症狀。因此，對於這類甜味劑，我敬謝不敏。

水果糖漿和濃縮果蜜
FRUIT SYRUPS AND FRUIT CONCENTRATES

在北歐飲食中，常用到濃縮果蜜，尤其蘋果或梨子口味的糖漿及糖蜜更受喜愛。從斯堪地那維亞半島、丹麥、到法國的廚房中，都可以看到人們用濃縮果蜜塗在吐司上、稀釋飲用、或加入料理中。在美國，濃縮的蘋果果蜜是以 bee-free honey 之名販售。在地中海健康低糖的飲食中，濃縮果蜜也有其地位，比較沒那麼甜，口味更為多元，包含石榴糖蜜等。我也推薦使用此類水果糖漿和濃縮果蜜，不過就如同水果粉和水果乾一樣，要酌量使用。

果泥或果醬也是很好的甜味劑，不妨冷藏備用。建議你試試直接將新鮮蘋果泥煮成蘋果醬，梨子也可以這樣做；核果類的果泥和漿果類的水果則可以直接冷凍備用，不必再煮過。

麥芽糖漿 MALT SYRUPS

幾世紀以來，人們就懂得利用穀物發酵製造麥芽糖漿。麥芽糖漿的單糖含量低，糖分釋放到的血液的速度慢，因此我推薦使用糙米麥芽糖漿或大麥麥芽糖漿。麥芽糖漿可以用來取代楓糖淋在鬆餅上，或者用在烘焙甜點中。

麥芽糖漿沒有其他甜味劑那麼甜，吃在嘴裡的那種餘韻與某些甜點很搭，但有時卻會搶了主要食材的風味，因此我建議先以少量麥芽糖試用看看。

▲ 由上至下：梨子蘋果泥、梨子泥、蘋果藍莓泥

一起開始無糖生活吧！

▼ 從左上順時鐘方向依序為：薰衣草糖漿、石榴糖漿；梨子蘋果果醬

記住麥芽糖漿基本上是由穀物發酵製成，雖然升糖指數比原穀物還要高，不過仍然比精製糖低。大麥麥芽糖漿對血糖的影響比糙米麥芽糖的緩和，兩者相比之下，我優先推薦大麥麥芽糖漿。

木薯糖漿 TAPIOCA SYRUP

木薯糖漿是近來美國製造商 Ciranda 開發的新產品，由木薯塊根澱粉製成。此產品提供一系列不同選擇，有的比較黏、有的比較甜、有些則比較不黏，適合用來製作比較硬的甜點或糖果。

這些木薯糖漿都是由木薯澱粉發酵製成，具有快速將糖份分解到血液中的特性，因此我並不建議經常使用，偶爾用一點，可以增加甜點的黏稠度或光澤。

糖蜜或黑糖蜜
BLACK TREACLE OR BLACKSTRAP MOLASSES

黑糖蜜就是糖在精緻過程中去除掉的好東西，富含鐵、銅、錳、鉀、鎂，能鹼化體質，有溫和的抗發炎作用。

素食的人通常會吃糖蜜來補充鐵質，不過記得要吃有機糖蜜。因為蔗糖工業使用大量農藥，非有機糖蜜中經常發現含有高濃度的殺蟲劑，一定要小心。我推薦將糖蜜用在烘焙上，會讓烘焙製品別有一番風味。糖蜜特別適合烤餅乾或加入熱飲中。

神秘果
MIRACLE BERRIES

　　神秘果果實的大小約介於大枸杞和小橄欖之間，它的籽很大，就像橄欖一樣。這種漿果生長於迦納的一種灌木叢中，也可以栽種在氣候溫暖的室內環境中。

　　神秘果會暫時關閉口腔的酸味接受器，讓嘴巴短時間內只對甜味有反應。你可以嚼顆新鮮的神秘果試試看，先讓果實的味道佈滿口腔，再吃片新鮮檸檬，那感覺會像是吃有甜味的檸檬雪酪一樣。然後接下來的十五分鐘內，你吃的東西都會非常甜，等到神秘果的影響退去後，口腔酸味接受器再度打開，你的味覺才又恢復正常。

　　過度使用這種食物顯然有疑慮，不過如果巧妙運用的話，這小小的果實是很有趣的，甚至可以避免讓晚宴的甜點添加過多甜味劑。不妨在晚宴最後上甜點前，讓朋友吃吃看，好玩又有話題性。

　　市面上可以買到冷凍的神秘果，也有製成錠劑販售。

▲ 從左至右分別為黑糖蜜、麥芽糖漿

熱烤布丁、奶酥
及卡士達

寒冷的夜裡，沒有什麼比窩在爐火邊享受溫熱甜點更暖心的了。

這時來份熱奶酥佐卡士達醬最棒，

但這並不表示一定會吃進很多糖。

這裡提供了更簡單、更快速、非傳統的無糖甜點料理方式，

不管是焦糖鳳梨海綿蛋糕、甜莓墨西哥脆餅、

香濃巧克力卡士達醬，

保證每一口都讓你溫暖在心頭。

冬夜裡來份熱布丁，
每一口都讓你溫暖在心頭。

完美蘋果奶酥

　　這道熱奶酥有兩道烘烤程序。首先要先將底層的蘋果內餡烤透，接者鋪上奶酥之後，再進烤箱一次，烤到香脆可口。這樣分次烘烤的作法可以避免上層的奶酥烤得過乾或烤焦。

　　蜂蜜及楓糖有助於蘋果在烘烤的過程中焦化，本食譜建議的份量適用於較不甜的蘋果。如果你用的是比較甜的蘋果，請酌予減量；不過如果你用的是比較酸的蘋果，則要增加蜂蜜及楓糖的添加量。出爐的完美蘋果奶酥佐鮮奶油、或椰漿食用最對味了，如果再配上一部老電影，就可以營造出濃濃的懷舊氛圍。

12 人份

植物油（抹烤盤用）　15ml ／ 1T	蜂蜜　30ml ／ 2T（視情況酌量增減）
杏仁粉　50g	楓糖漿　30ml ／ 2T（視情況酌量增減）
全麥麵粉　90g	蘋果汁　120g
燕麥片　90g	薑粉　1.5ml ／ ¼ t
肉桂粉　5ml ／ 1t	荳蔻粉　少許
冷壓椰子油或無鹽奶油（切丁）　175g	中型蘋果　6 ～ 8 顆

1. 烤箱預熱至 180℃／350 ℉／Gas 4，在 23cm×23cm／9in×9in 的淺烤盤內抹上一層油備用。

2. 將杏仁粉、全麥麵粉、燕麥片和一半的肉桂粉倒入碗中混合均勻。

3. 再將椰子油或奶油加入 2 中，用手指快速搓揉至豆子般的塊粉粒大小。

4. 將蜂蜜罐整個浸入熱水中，使蜂蜜軟化呈液體狀。再將蜂蜜與楓糖漿倒入小碗中混合均勻。

5. 舀一大匙蜂蜜、楓糖漿混合之 4 淋到 3 中，用叉子攪拌均勻，再放進冰箱冷藏。

6. 將香料（剩下的肉桂粉、薑粉、荳蔻粉）加入蘋果汁中攪拌均勻。蘋果切成四辦去核，放進抹油備用的烤盤中，再倒入香料蘋果汁混合液，淋上剩下的蜂蜜楓糖漿。

7. 烤盤蓋上錫箔紙，放進烤箱烘烤 45 ～ 60 分鐘，然後從烤箱取出，試試蘋果是否烤透。蘋果品種不同，所需的時間也不一樣，因此要用叉子試試看。如果已經可以了，再把冰箱冷藏備用的 5 平鋪在蘋果上。

8. 把烤箱溫度調高到 220℃／425 ℉／Gas 7，再把烤盤放進烤箱，這次不蓋錫箔紙，烤約 20 ～ 30 分鐘，直到表面呈金黃色即可出爐。烤盤從烤箱中取出靜置 10 分鐘後，即可享用。

如果你是老奶奶傳統鳳梨翻轉蛋糕的鐵粉，你一定會愛上這道食譜。這道食譜用新鮮鳳梨取代鳳梨罐頭，巧妙運用天然水果的甜份，讓鳳梨先在鍋裡煎過焦化，再加進麵糊。這道甜點是用蒸的，適合佐椰漿或無糖冰淇淋，趁熱吃。

6 人份

無糖鳳梨乾（切絲） 15g	椰糖 150g
冷壓椰子油 30ml ／ 2T	蛋 4 顆
新鮮鳳梨 1 顆	中筋麵粉 150g
無鹽奶油 115g	麵粉（撒烤模用） 15ml ／ 1T
無鹽奶油（抹烤模用） 15ml ／ 1T	泡打粉 10ml ／ 2t
楓糖漿 60ml ／ 4T	荳蔻粉 2.5ml ／ ½ t
	檸檬皮屑 1 顆

1. 在六個蛋糕烤模內抹上一層奶油，撒上少許麵粉。

2. 切絲的鳳梨果乾和椰子油放入碗中攪拌均勻，靜置一旁備用。

3. 拿出雙層蒸鍋，外鍋加水煮滾備用。

4. 新鮮鳳梨削皮去心，切成 2.5cm 方塊備用。

5. 以煎鍋融化 15ml ／ 1T 奶油，加入楓糖漿和鳳梨拌炒，炒至漿汁濃稠、鳳梨呈金黃色為止。然後將鳳梨與焦糖漿汁平均分裝到六個蛋糕烤模中，靜置一旁。

6. 將奶油和椰糖放入大碗中混合，以電動攪拌器中速攪拌 2 分鐘，再把蛋一一加入拌勻。

7. 將麵粉、泡打粉、荳蔻粉混合過篩，以橡皮匙拌入 6 中。再拌入 2 之鳳梨果乾和椰子油，然後再加入檸檬皮屑。

8. 將 7 混合好的麵糊平分配到六個蛋糕烤模中，再以油紙封好免得水分跑進去，不過也不能封得太緊，讓蛋糕有膨脹的空間，然後用棉線綁好。

9. 將蛋糕烤模放入蒸鍋的內鍋，蒸煮約 40 分鐘。要注意外鍋的水量夠不夠，有必要的話要再加水。

10. 從蒸鍋中拿出蛋糕烤模，靜置 10 分鐘。食用前，翻轉倒入盤中即可享用。

焦糖鳳梨蛋糕

地瓜餅

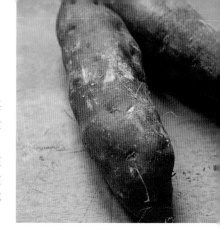

　　地瓜的品種很多，市面販售的地瓜都標榜它的甜味，尤其在傳統市場更是如此。不管你買到的是什麼品種，都適用於本食譜。

　　如果你想吃得清爽點，可以用全麥麵粉或者是無麩質的在來烘焙米粉、玉米粉、或馬鈴薯粉來取代杏仁粉。只要選定一種粉類，以一比一的比例來取代即可。食用時，佐一大匙優格、椰漿，或燉蘋果，再撒上肉桂粉，風味絕配。

4 人份

植物油（抹烤盤用）　15ml ／ 1T	荳蔻粉　1.5ml ／ ¹⁄₄ t
地瓜　500g	泡打粉　0.6ml ／ ¹⁄₈ t
杏仁粉　45ml ／ 3T	蛋　2 顆
肉桂粉　2.5ml ／ ¹⁄₂ t	希臘優格（美國製，原味）　適量（可省略）
肉桂粉（撒粉用）　適量	

1. 烤箱預熱至 220℃ ／ 425 ℉ ／ Gas 7，在烤盤內抹上一層油並鋪上烘焙紙備用。

2. 地瓜削皮刨絲，平鋪在廚房巾紙上吸掉多餘的水份。

3. 把地瓜絲、杏仁粉、香料、泡打粉置於大碗中，加入蛋快速攪拌均勻。

4. 把拌勻之地瓜絲 3 平均分成八等份，用手抓成圓形壓成約 1cm 厚度置於烤盤上。

5. 地瓜餅一面烤 15 分鐘，然後快速拿出烤箱，翻面，並將烤盤換邊再放進烤箱，再繼續烘烤 10 多分鐘，直到地瓜餅金黃酥脆為止。

6. 一人兩塊熱呼呼的地瓜餅，佐一大匙希臘優格，再撒上肉桂粉，就可以盡情享用了。

杏仁粉也可以用
全麥麵粉、或無麩質的
烘焙米粉、玉米粉、
馬鈴薯粉來取代。

墨西哥甜脆餅

　　玉米脆餅（taco）是廣受歡迎的墨西哥手抓食物，但就我所知，脆餅裡包的通常是肉類，絕少有甜的內餡。我這道食譜提供了甜味的素食版本，也是要趁熱吃。你可以用當季的新鮮水果，也可以用冷凍莓果。不管怎麼樣，都可以做出這份黏呼呼、好吃得不得了的甜品！你可以視自己喜歡的口感，選擇用硬的脆餅，還是用軟的麵皮，不管哪一種，儘量選用有機的，因為許多非有機的玉米餅，用的都是基因改造的玉米。

4 人份

板豆腐（脫水切片）	350g	楓糖漿　60ml／4T	
萊姆汁與萊姆皮屑　1 顆		草莓（去蒂頭）　8 顆	
椰子汁　30ml／2T		墨西哥玉米脆餅　8 個	

1. 把切片的脫水豆腐鋪在平盤中，倒入萊姆汁及萊姆皮屑，浸漬半小時。

2. 小平底鍋中火熱椰子油，倒入浸漬好的萊姆豆腐、楓糖漿、及草莓，稍微拌炒，直到草莓軟化，醬汁滾熱。

3. 用乾平底鍋一一加熱餅皮，一面約 30 秒後翻面，然後再一一置於餐巾內保溫，直到所有的餅皮都加熱完成。

4. 在每一個盤子裡排兩個脆餅皮，將豆腐和草莓平均分到脆餅皮裡，再把鍋裡剩餘的醬汁淋到溫熱的脆餅上，趁熱享用。

香煎香蕉

　　這大概是本書最方便、快速製作的一道食譜。只要一下子，一道老少咸宜的熱甜點就可以端上桌。食用時，可以搭配各種佐料、醬汁、及香料。這是一道香甜、溫暖、又撫慰人心的甜品。

4 人份

椰子油　30ml／2T
蜂蜜　30ml／2T
肉桂粉　10ml／2t

成熟香蕉（斜切片）　4 條
椰漿　適量（可省略）

1. 用大煎鍋，中火熱椰子油、蜂蜜，和肉桂粉。

2. 倒入香蕉片，每面煎約 1～2 分鐘，請小心翻面。

3. 食用前，淋上椰漿，立即享用。

料理小秘訣

　　椰漿是浮在椰奶上層最濃郁的成份，可以用來取代鮮奶油，熱量大致相同。

熱烤布丁、奶酥及卡士達

油炸蘋果圈

　　這道食譜有點放縱，因為是用炸的！不過並沒有另外添加糖分，甜味是來自椰子麵糊裡的天然滋味。記得要用非常新鮮的蘋果，不然下鍋油炸了以後會變得軟爛不好吃。用爽脆紮實的蘋果，才能炸出入口即化的美味蘋果圈。

　　在本食譜中，我建議用蘋果酒（apple cider），不過你也可以用無糖的碳酸飲料代替，像是礦泉水或是無糖蘋果酒。不管用哪一種液體，記得一定要冰鎮過，這樣麵團在下鍋油炸時才會膨脹起來。

4 人份

蘋果　中型 4 顆（或小型 6 顆）	肉桂粉　5ml ／ 1t
油炸用葵花油（或花生油）　750ml	蛋（打散）　2 顆
椰子粉 125g	無糖蘋果酒（冰鎮）　350g
椰子粉（撒粉用）　適量	羊奶乳酪　適量（可省略）
玉米粉 60g	楓糖漿　適量（可省略）
	肉桂粉　適量（可省略）

1. 蘋果去心，橫切成 5mm 的圓片，鋪在乾淨的紙巾上，上頭再蓋一層乾淨的紙巾，吸掉蘋果表面多餘的水份。

2. 大火熱油鍋，或啟動電動油炸鍋。

2. 椰子粉、玉米粉、肉桂粉在大碗中混合過篩，拌入蛋和蘋果酒，攪拌後如果有些許塊狀沒關係。

4. 舀一小匙麵糊入鍋試油溫，如果麵糊在 20 秒內呈金黃色，表示油已經夠熱了。

5. 等油熱了，將蘋果片裹上麵糊一一下油鍋，一次下三片蘋果，不時用漏勺翻動。

6. 等蘋果圈都炸得酥脆金黃了，移置鐵架上讓油瀝乾。同樣動作，繼續將所有蘋果片炸完。

7. 依照個人喜好，可以單吃，或佐羊奶乳酪、楓糖漿，再撒上肉桂粉，都很不錯。

想像一下：

溫熱的烤蘋果內餡，

金黃酥脆的外皮……

這樣的效果

只有油炸

才能做得到。

沒錯，含蛋的卡士達醬很好吃，不過，即使你不是素食主義者，我還是要推薦你試試這道蛋奶素卡士達食譜。簡單、快速、又充滿童趣的巧克力滑順口感。可以直接用湯匙舀著吃，也可以當成其他甜點的佐醬。

在此一併附上杏仁奶的作法，你會喜歡的。還有什麼會比巧克力和杏仁更搭呢？

4 人份

生可可粉　75ml／5T
玉米粉　60ml／4T
龍舌蘭糖蜜　60ml／4T

杏仁奶　250ml
水　125ml
香草精　5ml／1t（可省略）

無糖甜點烘焙寶典

1. 將乾料過篩到中型的鍋子裡，慢慢倒進龍舌蘭糖蜜、杏仁奶和水，持續攪拌。或者也可以將所有材料都倒進電動攪拌器中，高速攪拌約 1 分鐘。

2. 以中火加熱 1，不時攪拌以免結塊。可依個人喜好，加入香草精。

3. 慢慢加熱到滾，再煮 1 分鐘，持續攪拌。

4. 關火後，將卡士達醬靜置鍋內 10 分鐘使其變濃稠，然後再分裝到四個玻璃杯，就完成這道甜點了。或者，也可以倒在其他甜品上，當成佐醬。

杏仁奶

我從來沒有買過市售的杏仁奶，因為在家自己做，方便又快速。自己做的比市售的好吃一百倍，而且大約只要市售杏仁奶的四分之一價錢，又不含任何添加劑。如果你準備要做這道卡士達醬的話，份量要加倍喔。

生杏仁
（浸泡隔夜，瀝乾備用）　60ml／4T
水　250ml
龍舌蘭糖漿　15ml／1T
香草精（可省）　1 ～ 2 滴

將杏仁、水、和龍舌蘭糖漿加入食物處理機中，高速攪打至奶狀。再用棉布過濾至大碗中，可依個人喜好，加入香草精。

如果
你更喜歡牛奶，
也可以用來
取代杏仁奶。

蛋奶素巧克力卡士達醬

果凍、慕斯及舒芙蕾

我的童年充滿許多晶亮彩色的果凍記憶，

當然也少不了七○年代充斥的人工化學添加物。

本書中的果凍一樣會 Q 彈晃動，但不會晃得讓你心存疑慮。

不管是蛋奶素或是加了吉利丁的版本，

這些無糖慕斯、舒芙蕾、和果凍不但適合優雅的大人享用，

也大受小孩歡迎。

舒芙蕾也好、沙巴翁也好，

都能讓你的味蕾達到極致享受，卻不致造成身材負擔。

本書中的果凍Q彈滑嫩，
但不會晃得
讓你心存疑慮。

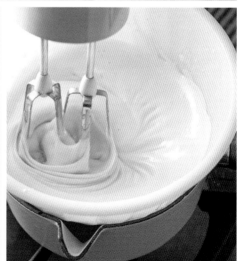

可可脂有益身體健康，在實體及網路店面都買得到。除了富含有益心臟的油脂以外，還能增加味覺的深度及滑順口感，特別在精緻的百匯中展現無遺。

蛋黃果是一種營養素豐富的水果，富含 β 胡蘿蔔素及維生素B，還帶有濃郁的奶油香氣，跟楓糖漿很像。

記得要提前一天準備，因為腰果和杏仁果必須分別浸泡至少4 小時（或隔夜），使其軟化。這是大人的點心，適合晚餐後搭配濃縮咖啡享用。

6 人份

可可脂　115g

腰果（至少浸泡 4 小時，或隔夜）　50g

酪梨　2 顆

草莓　350g

楓糖漿　120ml

檸檬汁　1/2 顆

香草莢粉　5ml ／ 1t

杏仁（至少浸泡 4 小時，或隔夜）　115g

燕麥　90g

蛋黃果粉　60g

牧豆粉 60g

草莓　6 顆

1. 將可可脂放在耐熱碗中隔水加熱，等可可脂融化成液體狀後，將碗移出，靜置一旁備用。

2. 浸泡腰果的水瀝掉後，將腰果倒入果汁機，再加入融化的可可脂、酪梨、草莓、楓糖漿、檸檬汁、和香草莢粉，高速攪打 30 秒，直到充分混合為止。視情況需要，可加少許水，分裝於六個點心玻璃杯中。

3. 浸泡杏仁的水瀝掉後，將杏仁與燕麥一起倒入食物調理機中攪打成碎粒狀。

4. 將混合之 3 倒入大碗中，加進蛋黃果粉、牧豆粉，再倒入 30ml ／ 2T 的冷水，然後用叉子攪拌成均勻碎粒狀。

5. 把 4 平均撒在六杯百匯上，最後各點綴一顆草莓，冷藏於冰箱中，隨時可享用。

很多拉丁美洲國家，
蛋黃果粉是
廣受歡迎的
冰淇淋口味。

這道甜點適合全家享用，溫和又健康，有蘋果汁和肉桂的甜味、莓果的色澤、和果膠產生的果凍質感。你還可依季節的不同，選用新鮮或冷凍莓果。最好提前一天開始準備，因為亞麻籽需要浸泡至少 10 分鐘才能形成果膠，而且浸泡得越久，養份的生物利用率越高

浸泡過後的奇亞籽布丁，可依個人喜好立即享用，或者攪拌均勻後再食用。所有的營養成份在攪拌後仍保持不變，這是一道適合晚宴的優雅甜品。

6 人份

黑莓、藍莓、或黑醋栗　115g

肉桂粉　5ml／1t

蘋果汁　750ml

蜂蜜（可省略）　15ml／1T

奇亞籽　150g

新鮮莓果和薄荷葉（裝飾用）　適量（可略）

1. 把莓果、肉桂粉、和蘋果汁倒入果汁機中，高速攪打均勻。如果你用的蘋果汁較酸，可酌量加入蜂蜜。

2. 將混合之 1 倒進大碗中，再倒入奇亞籽充分浸泡。

3. 將 2 靜置浸泡至少 10 分鐘，或冷藏隔夜。

4. 食用前，將奇亞籽布丁平均倒入六個點心玻璃杯中即可享用；或者，也可以攪拌 15 〜 10 秒後再吃。依個人喜好，可加入新鮮莓果和薄荷葉裝飾。

吸滿水份的奇亞籽能在體內緩緩釋出液體，
維持身體的保水度。

無糖甜點烘焙寶典

葡萄果凍

在原始人飲食法（paleo diet）的概念風靡全球的此時，動物骨頭高湯也引起高度關注，這種高湯無疑對人體健康有多方面的好處。不過，記得要購買標示人道製程、天然、沒有調味的吉利丁產品。我推薦用 Great Lakes 這個品牌，這品牌在美國和英國的實體及網路店面都買得到。雖然並沒有有機食品認證，但是產品是出自人道飼養的小型家庭牧場。

如果你買得到康考特葡萄汁（Concord grape juice）最好，康考特葡萄是美國原生種的葡萄，比一般紅葡萄帶有更濃郁的香氣，抗氧化成份更是一般紅葡萄的一倍以上。

6 人份

無調味吉利丁片（一片切成方四塊） 4 片	葡萄（切半去籽） 一串
紅葡萄汁 400ml	

1. 將吉利丁片浸泡在裝有紅葡萄汁的量杯中約 5 ～ 10 分鐘。

2. 將浸泡後的吉利丁片取出，稍微擠乾，靜置一旁。

3. 將紅葡萄汁倒入鍋中，以文火緩緩加熱，加到熱但不用滾燙。關火後靜置 10 分鐘，再加入之前取出之吉利丁片，攪拌至溶解為止。

4. 把吉利丁混合液倒進矽膠果凍模型裡，倒的速度要慢才不會產生氣泡。然後再小心將果凍移置冰箱中冷藏 8 小時以上、或隔夜。如果你喜歡很結實的果凍，需冷藏 24 小時。

5. **準備將果凍從模型中取出**：先將六個點心盤沾濕，然後在大碗中注入溫水，將矽膠模型的底部及周圍浸入溫水中約 2 ～ 3 秒。

6. 將果凍模型翻轉倒扣於點心盤中取出，調整至最佳位置，即可食用。或者，也可以再次冷藏 8 小時後食用。

7. 點心上桌前，可加入葡萄作為裝飾。

如果你
不是素食主義者，
是該來重新認識
果凍的美妙了。
把調製好的材料
倒進矽膠做成的
果凍模型裡，
充滿樂趣。

這款優雅、新鮮、又有滿滿水果的果凍適合任何時間享用。這是道全素的食譜，使用洋菜粉代替吉利丁。洋菜是紅藻的萃取物，用來作為穩定劑、凝固劑、增稠劑、使液體膠化，富含礦物質，非常適合做無糖料理。而且它富含水溶性纖維，能吸收胃裡的葡萄糖，有助於穩定血糖。這是一道在時間緊迫時可以應急的甜點，只要半個小時就可以完成，而且在室溫下還能維持形狀。

10 人份

新鮮草莓（去蒂頭）　450g

楓糖漿　75ml

冷水　500ml

萊姆汁　75ml

洋菜粉（或洋菜片）　5ml ／ 1t（或 15ml ／ 1T）

槐刺豆膠　0.5ml ／ 1/8 t

1. 將一半的草莓置於大碗中，淋上楓糖漿，浸漬 30 分鐘。

2. 剩餘另一半的草莓倒進果汁機中，加水高速攪打成草莓汁。

3. **過濾草莓汁**：將棉布鋪在濾勺上過濾，並以湯匙按壓濾網上的草莓渣。

4. 果汁機洗淨，將濾好的草莓汁倒入，再加進所有材料，攪打至混合均勻為止。

5. 將 4 之混合液倒入鍋中，以中火加熱不時攪拌，煮滾後轉小火，不蓋鍋蓋繼續煮 3 ～ 5 分鐘，仍需不時攪拌。（如果用的是洋菜片，需要續煮 10 ～ 15 分鐘）

6. 將浸漬完成的草莓分裝到 10 個冰淇淋高腳杯中，再倒進果凍混合液。然後將果凍移入冰箱冷藏半小時，即可享用。

槐刺豆膠可以提升
滑順口感，
楓糖則和草莓最對味。

蛋奶素草莓果凍

冰檸檬卡士達醬

這道濃郁又暖心的卡士達醬絕對不會讓你失望。天然椰棗的甜味和檸檬的酸味完美融合，介於傳統又不那麼傳統之間……就像我們生活的這個年代。提早做好冷藏在冰箱裡，客人一到，馬上就可上桌。

4 人份

椰棗（去籽、切碎）	10 顆	海鹽	1.5ml／¼ t
全指牛奶	500ml	檸檬皮屑	1 顆
玉米粉	40g	蛋（打散）	1 顆

1. 將椰棗浸泡在 30ml／2T 的滾燙開水中，靜置一旁備用。

2. 將 450ml 的牛奶隔水慢慢加熱，不時攪拌，表面才不會形成薄膜。

3. 玉米粉和海鹽置於小碗中，緩緩加入剩餘的牛奶，用湯匙攪拌均勻，壓碎結塊。

4. 隔水加熱的牛奶開始冒蒸氣（尚未滾）時，加入 3 之玉米粉混合物，持續不斷攪拌，直到牛奶變濃稠後，蓋上鍋蓋，文火續煮 10 分鐘。

5. 將檸檬皮屑置入小碗中，加入蛋、椰棗連同浸泡的水一起攪拌。攪拌均勻後再倒入 4 之濃稠牛奶中，再次攪拌均勻。

6. 將 5 續煮 2～3 分鐘，持續攪拌，讓牛奶變成溫熱、均勻、又濃稠的卡士達醬。完成後，倒入四個容器中，冷藏 1 小時後，即可食用。

椰棗的甜和
檸檬的酸
營造出
濃厚的酸甜滋味。
使用一般大小的
椰棗即可，
如果你用的是
超大型的 Medjool 椰棗，
那就少用幾顆囉。

　　西洋梨是我最喜歡的水果之一，不過它會在瞬間熟成，在那之後就過熟了。過熟的西洋梨變得軟爛，讓人很想乾脆把它扔進廚餘桶裡，殊不知這時西洋梨的甜味及香味都到達顛峰狀態。

　　這道鬆軟綿密的舒芙蕾食譜，讓你不用再把過熟的西洋梨丟掉了。那甜蜜蜜的滋味和軟綿綿的質感，作為材料最完美。事實上，越軟爛的梨子，越適合這道舒芙蕾食譜！

6 人份

無鹽奶油（抹烤皿用）	15ml／1T	龍舌蘭糖粉	100g
過熟西洋梨（削皮、去果核）	40g	龍舌蘭糖粉（篩粉用）	適量
柳橙削皮與柳橙汁	1 顆	肉桂粉 2.5ml／½ t	
		蛋白 3 顆	

無糖甜點烘焙寶典

1. 在六個 150ml 的烤皿內抹上一層奶油。

2. 將西洋梨放進大鍋子裡，加入柳橙皮屑和柳橙汁。

3. 將龍舌蘭糖粉和肉桂粉放進大碗拌勻後，取 50g 加入 2 的大鍋中。

4. 將西洋梨以中火加熱約 5 分鐘，不時攪拌。關火後，以手持式電動食物料理器將西洋梨攪打成泥狀，靜置一旁備用。

5. **準備烤舒芙蕾**：先將烤盤置入烤箱，烤箱預熱至 200℃／400 ℉／Gas 6。

6. 在每個烤皿中舀進 30ml／2T 的西洋梨泥。

7. 將蛋白放進大碗中，用手持電動攪拌器高速攪拌，攪拌至蛋白霜尾端呈現挺立的狀態即可。

8. 將蛋白霜拌入剩下的龍舌蘭糖粉中，再緩緩拌入剩餘的西洋梨泥。

9. 再將 8 之蛋白西洋梨糊平均倒入烤皿中（滿模程度），用刮刀刮平，再用拇指在烤皿邊緣抹一圈。

10. 將預熱之烤盤從烤箱中取出，烤皿放上烤盤後，立即將烤盤放回烤箱烤約 12 分鐘，烤到舒芙蕾膨脹，表面呈金黃色為止。烤好取出在表面篩上一些糖粉，趁熱食用。

你不用再把過熟的西洋梨丟掉了，那甜蜜蜜的滋味和軟綿綿的質感，
做成舒芙蕾最動心。

西洋梨舒芙蕾

芒果沙巴翁（Zabaglione）

　　沙巴翁傳統作法用的是瑪莎拉酒（marsala），不過瑪莎拉酒的糖分含量較高，因此在這裡我用伏特加來取代。伏特加不含糖，在許多料理中可以取代含糖的酒精飲料。當然，除了不含糖之外，伏特加也少了瑪莎拉酒的那份香氣。因此，我另外加進了蜂蜜，讓蜂蜜和蛋黃完美營造出獨特的風味。

　　所有軟質的水果都和沙巴翁很搭，包括夏季的莓果和成熟的桃子。然而，在這裡我選用芒果，因為芒果的香氣帶有瑪莎拉的味兒。食用時，可搭配無糖杏仁餅乾，請參閱 p182 的佛羅倫汀杏仁餅。

4 人份

芒果　1 顆

蛋黃　3 顆

蜂蜜　45ml ／ 3T

伏特加　25ml ／ 1 $^1/_2$ T

溫水　25ml ／ 1 $^1/_2$ T

白蘭地香精（可省略）　2.5ml ／ $^1/_2$ t

1. 芒果削皮、去果核，果肉切丁。將一半的芒果丁分裝至四個點心玻璃杯中，靜置一旁備用。

2. 把其他所有材料放入耐熱碗中，用手持電動攪拌器高速拌勻。

3. 將 2 隔水加熱，不時攪拌，直到呈溫熱狀態。

4. 將耐熱碗從火源移開，持續攪拌 30 秒後，再將碗放回加熱，並持續攪拌將所有材料煮成溫熱濃稠的蛋酒為止。

5. 關火後，將一半的蛋酒平均倒入四個點心玻璃杯中，再將剩下的另一半芒果丁鋪上去，最後再倒入一層蛋酒。靜置一旁，冷卻後即可食用。

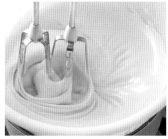

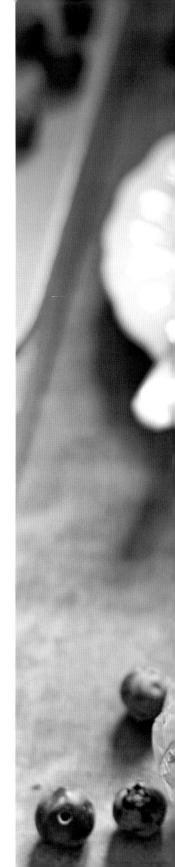

這是一道無糖的蛋奶素甜點，保證成為你晚宴的焦點。巧克力是由可可豆做成的，而可可豆是可可果裡的果核，富含有益健康的營養素。事實上，巧克力真正對身體有害的成份是糖。

這裡運用了甜菊的甜味，讓這甜味和可可粉以及咖啡粉濃烈的苦味搭配得恰到好處。椰漿需要冷藏隔夜，所以要提前一天準備。

6 人份

罐裝椰漿（在冰箱冷藏隔夜） 160ml

成熟酪梨 2 顆

可可粉 60ml ／ 4T

即溶濃縮咖啡粉 30ml ／ 2T

乾甜菊粉（或甜菊砂糖） 5ml ／ 1t（或 10ml ／ 2t）

新鮮藍莓和薄荷葉（裝飾用） 一把（可省略）

1. 瀝掉椰漿裡的水狀液體，把凝乳狀的鮮奶油倒入果汁機中。

2. 將所有材料加入果汁機中，攪打成均勻的乳狀。

3. 把慕斯平均倒入六個濃縮咖啡杯中，冷藏至少 2 小時，或隔夜。

4. 食用前，依個人喜好加入藍莓或薄荷葉點綴。

無糖甜點烘焙寶典

冰淇淋、冰沙及冰棒

不管你是不是素食主義者，

這些冰品都可以滿足你在豔陽下對甜點的渴望。

來個無花果夏天、石榴風味的秋天、

或是用苦橙趕走陰鬱的冬天！

這些冰品適合任何季節，

不管單吃，或搭配書中的其他甜點都很讚。

不同液體冷凍後會產生不同的質感，

不管牛奶或是堅果奶，

加一點乳化劑，

就會讓口感更細緻。

隨著冰品在舌尖融化，

風味也一滴滴，釋放。

巧克力杏仁冰淇淋

冰淇淋裡面必須包含油脂，這就是真正的冰淇淋和雪酪不同之處。這道濃郁香醇的冰淇淋，以杏仁油脂保留了光滑細緻的口感，也使熱量減半，好吃又少了負擔。

這份巧克力杏仁冰淇淋和所有冰淇淋一樣，最好從冷凍庫裡拿出來靜置一會兒再吃。不過，也可以解凍後在室溫下享用，吃起來就跟慕斯一樣美味。如果你有現成的杏仁奶，就可以跳過第一個步驟。我發現冰箱如果有些杏仁奶備用還真方便呢。

12 人份

杏仁（至少浸泡 5 小時或冷藏隔夜）　25g

水　120ml

龍舌蘭糖漿　120ml

生可可粉　40g

祕魯角豆或牧豆粉　50g

重乳脂鮮奶油　750ml

杏仁（切碎）　115g

1. 將浸泡過的杏仁和水倒入果汁機中高速攪打至細緻均勻，再用紗布置於濾網上過濾。儘量擰乾紗布，再丟棄殘渣。

2. 將龍舌蘭糖漿加入杏仁奶中，篩入可可粉及角豆粉，再加入鮮奶油。將混合液倒入果汁機中攪打至完全融合。

3. 將冰淇淋混合液倒入耐凍容器中，混入切碎杏仁攪拌均勻，加蓋冷凍 2 ～ 3 小時。從冰箱取出靜置 20 分鐘，待稍微解凍後，用金屬製湯匙將結凍之冰淇淋攪拌成乳霜狀，再加蓋放回冷凍。

4. 冷凍 2 ～ 3 小時後，再重複上述程序，然後在冰淇淋表面覆蓋蠟紙，切塊，加蓋後放回冷凍庫，可保存至六個月。

新鮮無花果冰淇淋

無花果是夏季成熟柔軟的水果，外皮光滑細緻帶有天然甜味，如果再配上濃濃地中海風的蜂蜜，如橙花、薰衣草、或檸檬蜂蜜，就能帶來溫暖氣候的氛圍。

在這份食譜中，無花果需在蜂蜜中浸泡隔夜，隔天再煮成滑順乳霜狀，根本用不著攪打成泥。建議使用羊乳鮮奶油，這道甜品即刻升級為奢華版。食用時搭配威化餅乾、小甜餅、或是新鮮薄荷茶，在夏日花園中享受，無比暢快沁涼。

10 人份

新鮮無花果（切成塊狀）　10 顆	重乳脂鮮奶油（冷藏備用）　500ml
蜂蜜　150ml	蛋黃　5 顆

無糖甜點烘焙寶典

1. 無花果浸泡蜂蜜中靜置冰箱冷藏隔夜。第二天，將無花果及蜂蜜倒入鍋中，中火煮滾後，續煮 3 分鐘直到軟爛。

2. 將鮮奶油倒入攪拌缸中攪打，打到奶油尾端成挺立狀，再放入冰箱冷藏。

3. 在另一碗中以電動攪拌棒攪打蛋黃，或是將蛋黃倒入食物處理機中攪打 2 分鐘直到呈淡黃色。接著倒入 1 煮軟的無花果和蜂蜜，高速續打 5 分鐘。

4. 將鮮奶油從冰箱中取出，用矽膠攪拌匙將鮮奶油輕輕拌入 3。

5. 將攪拌好之冰淇淋倒進儲存盒中，加蓋冷凍 2 小時。

腰果杏仁冰淇淋

這款可愛的蛋奶素冰淇淋儘管不完全是生的，但還是非常健康。腰果，就像其他的堅果一樣，長在果實裡，果實和堅果之間有一層薄膜，這薄層膜是有毒的。為了要將這層會引發強烈過敏反應的薄膜去掉，通常用蒸煮的方式來處理。因此不管市售包裝上如何標榜，腰果不可能完全是生的。不過，還是儘量用生一點的腰果來製作。如果你用的是無鹽、且未經烘烤的腰果，那樣腰果會吸收較多的水份，做出來的冰淇淋口感會更滑順可口。

12 人份

腰果　225g

椰子水　500ml

椰子油（融化）　215g

蜂蜜　125ml

日曬原蔗糖　30g

香草莢粉　10ml／2t

香草精　5ml／1t

海鹽　2.5ml／½ t

杏仁片（裝飾用）　可省略

1. 室溫下將腰果浸泡於冷水中 1～4 小時，再將腰果瀝乾，倒掉浸泡水。

2. 將腰果倒入果汁機中，加入所有材料，一起高速攪打 3 分鐘。

3. 將冰淇淋混合液倒入耐凍容器中，在冰淇淋表面覆蓋蠟紙，切塊，加蓋冷凍至少 4 小時，可保存 6 個月。

4. 食用前半小時從冷凍庫移出，使冰淇淋軟化。將冰淇淋裝在聖代杯裡享用，依個人喜好，可在冰淇淋上頭撒杏仁片。

這些冰棒是小孩聚會的最佳選擇，能快速製作完成！如果你沒時間，使用新鮮莓果也無妨。不過，如果能事先將莓果浸泡在蜂蜜中，不但能軟化莓果，還能添加一般莓果無法相比的美妙風味。

10 人份

綜合莓果（如：草莓、覆盆子、黑莓）　300g

蜂蜜　60ml ／ 4T（可省略）

新鮮或包裝椰子水　250ml

冰棒模型　10 支

1. 莓果去蒂頭。如果有用草莓的話，將草莓切片約 5mm 厚。

2. 將莓果置於淺盤中，如果有用蜂蜜的話，淋上蜂蜜。然後倒進椰子水，冷藏浸泡半個小時至 24 小時。

3. **準備製作冰棒：**用叉子將莓果從椰子水浸泡液中輕輕取出。

1. 把莓果一一置入冰棒模型中，調整一下，讓草莓的平切面貼於模型表面，整顆的果莓，如覆盆子，也由上而下儘量靠著模型表面，展現出莓果的美麗。

4. 所有莓果都擺放完成後，將椰子水小心注滿模型，有必要的話可以用漏斗。

5. 插入冰棒棍，冷凍 1 小時以上，完成之冰棒可在模型中冷凍保存六個月。

用新鮮的椰子水來寵愛自己吧！

椰子莓果冰淇淋

苦橙冰棒

　　這款用柳橙皮和柳橙汁做成的甜品保留了柳橙的營養素,作法還超級簡單。想想就很有趣,當你吃柳橙的時候,有可能同時吃到柳橙皮嗎?在規劃日常飲食的同時,不妨也考慮滿足一下味覺探索的渴望。

　　菊薯是一種山芋類植物,在傳統美式的感恩節大餐中佔有一席之地。菊薯的味道能和柳橙汁和柳橙皮完美融合在一起,也有益於促進人體對營養的消化吸收。

10 人份

中型柳橙　2 顆
菊薯糖漿　30ml ／ 2T

水　750ml
冰棒模型　10 支

1. 用橙皮刮刀刮下柳橙皮絲,然後將橙皮絲放進果汁機中。

2. 將柳橙對切,將榨出的柳橙汁倒進果汁機中,再加入菊薯糖漿和水,高速攪打 1 分鐘。

3. 將混和液倒入冰棒模型中,插入 10 支冰棒棍,冷凍至少 4 小時以上,完成之冰棒可在模型中冷凍保存 6 個月。

香蕉雪糕

　　這款香蕉雪糕吃起來很像香蕉卡士達，卻不含蛋，是全素配方。而以成熟的紅香蕉製成的香蕉粉取代新鮮香蕉，可以在任何季節製作。此外，紅香蕉較一般香蕉甜，具有焦糖的風味，也更營養。

　　同時以火麻仁和水取代牛奶。將火麻仁水快速攪打成乳狀，可以營造出雪糕的絲滑口感。記得要使用去殼的火麻仁，否則就需要過濾才能製作出滑順的口感。

8 人份

去殼火麻仁　50g	冷水　350ml
香蕉粉　115g	冰棒模型　8 支

1. 把所有材料倒進果汁機中，高速攪打 30 秒至 1 分鐘，直到所有材料完全融合在一起。

2. 將混和液倒入冰棒模型中，插入 8 支冰棒棍，冷凍隔夜，完成之雪糕可在模型中冷凍保存數月。

石榴和所有莓果一樣，富含植物營養素及抗氧化劑，做出來的冰沙既營養又美味。你可以用果汁機高速攪打做成冰沙；如果沒有機器的話，用這份食譜做成冰棒也很適合。

4 人份
中型石榴　4 顆
蜂蜜或大麥麥芽糖漿　30ml／2T
冷水　250ml

無糖甜點烘焙養典

1. 將石榴果肉取出置於金屬濾網或濾勺中，將濾勺架在玻璃或金屬碗上。用湯匙按壓果肉榨出果汁，大約可以榨出 500ml 多的果汁，儘量壓到濾網上之剩下石榴籽為止。你也可以用果汁機攪打，再濾掉渣滓。

2. 將蜂蜜或大麥麥芽糖漿加入石榴果汁中，用湯匙攪拌均勻。

3. 將混和液注入製冰盒中，至少冷凍 1 小時或隔夜。

4. 要招待賓客前，將石榴冰塊倒入果汁機中，高速攪打數秒，不要打太久。然後將冰沙分別舀到 4 個馬丁尼玻璃杯中，即可端上桌，供賓客享用。

富含天然營養素的石榴汁

顏色艷麗且易沾染，

因此在食用時，

最好隨手準備餐巾紙以防不時之需。

石榴冰沙

塔、派及起司蛋糕

時而優雅、時而隨興，

這些塔、派、起司蛋糕充分展現了現代與傳統的氛圍。

你用不著因為忌口不吃糖，

而與這些經典甜品絕緣。

不管是水果派、或是起司蛋糕，

都是與親友在下午茶或晚宴聊天時不可或缺的點心。

這些美味的塔派，上層滑順、底部酥脆，
彼此完美配搭，
而且不含任何糖分！

　　巧克力塔皮和內餡都不含糖、乳類、及麩質！雖然是全素食譜，但和一般巧克力塔一樣好吃，作法簡單、健康加倍。

　　深巧克力的背景顏色特別適合用來裝飾，你可以用生機食材，如玫瑰花瓣、新鮮莓果、杏仁片、或是腰果奶油擠花，營造優雅經典的氛圍；或者，你也可以用不可食的材料點綴，像是生日蠟燭、人造花、或剪緞帶纏在竹籤上，讓想像力恣意馳騁！記得要提前一天開始準備，因為腰果浸泡隔夜效果會更好。

無糖甜點生活寶典

8 人份

塔皮

腰果（至少浸泡 4 小時）　115g

燕麥　40g

夏威夷豆　75g

可可粉　60g

香草精　5ml ／ 1t

去籽椰棗乾　75g 大約 14 顆

內餡

成熟酪梨　2 顆

可可粉　60ml ／ 4T

蜂蜜　30ml ／ 2T

新鮮綜合莓果（點綴用）　適量

1. **準備製作塔皮**：將瀝乾水分的腰果倒入食物處理機中，與燕麥、夏威夷豆、可可粉、及香草精一起攪碎充分混合，再加入椰棗乾攪打成糰。

2. 將 1 倒入直徑 25cm ／ 10in 的圓形扁平烤模中，用湯匙底部按壓塔料，將塔料平均分佈於烤模底部及邊緣，冷凍約 20 分鐘。

3. **準備製作餡料**：酪梨對切、去籽，將果肉挖至果汁機中，再加入可可粉、蜂蜜，高速攪打 20 秒充分混和。

4. 將餡料倒入塔皮中，再將派塔覆蓋好放進冰箱 20 分鐘以上，或冷藏數小時至隔夜，口感更好。食用前，用新鮮莓果點綴，提升視覺享受。

5. 巧克力塔皮和內餡都不含糖、乳類、及麩質！試試用生機食材在塔上做裝飾吧！

這款加了香草和萊姆調味的腰果奶油派，是我最愛的經典食譜，你也可以依照喜好調配。喜歡花香，就加玫瑰水、橙花水、薰衣草精油、或玫瑰精油；喜歡辛辣風味，則加少許辣椒粉、印度香料粉、生薑、或薑黃。當然，巧克力永遠是好選擇；還有季節性水果，不管是混入內餡、還是點綴在派塔上，都很受歡迎。

記得要提前一天準備，因為腰果和椰棗都需浸泡隔夜備用。

8 人份

派皮

椰子絲　100g

杏仁粉　50g

內餡

萊姆皮屑和萊姆汁　1 顆

生腰果（水中浸泡隔夜）　225g

香草莢粉　15ml ／ 1T

去籽椰棗乾（水中浸泡隔夜）　8 顆

萊姆皮絲（點綴用）　適量

1. **準備製作派皮：**將椰子絲和杏仁粉放進大碗中混合，再一點一點加入浸泡椰棗乾的水攪拌，直到椰子絲、杏仁粉、和水結合成糰。

2. 將 1 倒入直徑 23cm ／ 9in 鋪好烘焙紙的圓形扁平烤模中，用湯匙底部按壓派料，將派料平均分佈於烤模底部及邊緣。冷凍至少 1 小時，冷凍的同時可以準備製作餡料。

3. **準備製作餡料：**將萊姆皮屑、萊姆汁倒進果汁機中。浸泡腰果的水瀝乾，腰果連同香草、椰棗都放進果汁機中。浸泡椰棗的水要保留備用。

4. 果汁機先以低速攪打，再調至中速。不時暫停，以矽膠刮刀攪拌腰果泥。有必要的話，可以加入浸泡椰棗的水，一次加一點，保持滑順的乳霜狀；視情況，可以多加一點。

5. 將派皮從冰箱中取出，餡料倒入派皮中，以刮刀鋪平。再將整個派置於冰箱冷藏至少 1 小時。食用前，以萊姆絲點綴，即可享用。

加進

草莓和腰果

一起攪打成內餡，

就可以做成

草莓腰果派了。

這款滑順可口的派塔和本書裡其他的甜品一樣誘人,作法超級簡單,不用烤,好吃又健康!杏仁先切小塊再浸泡可以縮短準備的時間,不用像其他的生堅果需要浸泡那麼久。儘量使用新鮮椰子水來製作生派,或者選用優質的包裝椰子水也可以。

這份甜品可以當作聚會的茶點,也可以當成晚宴後的點心。如果你喜歡杏仁和椰子,你會愛上它的!

24 人份

派皮

椰子絲　185g

杏仁粉　75g

去籽椰棗　6～8 顆

蜂蜜　30～60ml ／ 2～3T

肉桂粉　2.5ml ／ ½ t

荳蔻粉　1.5ml ／ ¼ t

小荳蔻粉　1.5ml ／ ¼ t

香草莢粉　2.5ml ／ ½ t

海鹽　1.5ml ／ ¼ t

內餡

杏仁碎粒(浸泡水中冷藏 1 小時)　50g

新鮮泰國椰子(椰子水、椰肉)　1 顆

　(或新鮮椰子水、罐裝椰漿)

龍舌蘭糖漿　30ml ／ 2T

椰子油(融化)　30ml ／ 2T

香草莢粉　2.5ml ／ ½ t

綜合莓果(點綴用)　適量

1. 在 23cm×33cm ／ 9in×13in 的蛋糕烤模內鋪上烘焙紙。

2. **準備製作派皮**:將椰子絲放進食物調理機中攪打成粉狀,再加入杏仁粉、椰棗、蜂蜜、香料、香草、以及海鹽,攪打 3 分鐘成麵糰狀。視情況需要,可再多加一點蜂蜜攪打,讓粉料結合成糰。

3. 將 2 倒入備用之蛋糕烤模中,用湯匙底部按壓派料,平鋪於烤模底部。

4. **準備製作餡料**:浸泡杏仁的水瀝掉,杏仁連同椰子水倒入果汁機中,高速攪打 3 分鐘。

5. 將杏仁椰子水用紗布過濾渣滓,記得要儘量擰乾紗布。

6. 果汁機沖洗一下,將過濾後的杏仁椰子水倒回。再加入椰肉、龍舌蘭糖漿、椰子油、香草莢粉高速攪打 1 分鐘。

7. 將混合之餡料倒入派皮中,用刮刀鋪平。再將完成之椰子杏仁派放進冰箱冷藏至少 1 小時,若提前準備,則可冷藏隔夜再享用。可依個人喜好,選擇新鮮莓果點綴。

椰子杏仁派

西洋梨羊乳起司蛋糕

有時候，簡單就是最好的。西洋梨成熟時的口感細緻綿密，絕對要抓住時機製作這款柔軟的無派皮起司蛋糕。選用最溫和的羊乳起司，為起司蛋糕添加一點酸味。記得要提前一天準備，因為起司蛋糕和醃漬西洋梨須都冷藏隔夜再享用，更加香甜。

12 人份

成熟西洋梨（去皮、去核、切片） 3 顆	馬斯卡彭起司（室溫備用） 225g
蜂蜜 175ml	羊乳起司（室溫備用） 115g
肉桂粉 2.5ml ／ ½ t	香草精 5ml ／ 1t
荳蔻粉 1.5ml ／ ¼ t	海鹽 1.5ml ／ ¼ t
奶油起司（室溫備用） 450g	蛋 3 顆

1. 將 50ml 的蜂蜜淋在西洋梨上，加入香料，靜置至少 1 小時 30 分鐘，若能醃漬隔夜效果更好。

2. 烤箱預熱至 180℃ ／ 350 °F ／ Gas4。

3. 大碗中置入所有起司、香草精、海鹽、及剩下的蜂蜜，以電動攪拌棒攪拌 5 分鐘，直到鬆軟均勻為止。

4. 將蛋一顆一顆拌入，每顆蛋要確實攪拌均勻再加入下一顆。

5. 將起司糊倒入直徑 23cm ／ 9in 的可分離式蛋糕烤模中，烤約 50 分鐘，烤到邊緣隆起，表面呈金黃色，中間部分還沒有完全凝固為止。

6. 置於鐵架上冷卻，再移置冰箱冷藏隔夜。

7. 隔天，將醃漬梨子的蜂蜜漿汁淋在蛋糕上，再把梨子切片裝飾在蛋糕表面。最後，再冷藏 4 小時即可享用。

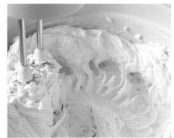

成熟的西洋梨
口感細緻綿密，
絕對要抓住時機
製作這款柔軟的
無派皮起司蛋糕。

在倫敦長大的我也喜愛紐約風味的藍莓起司蛋糕，但問題是，那實在太甜了。我的食譜除了不用精製砂糖外，還採用瑞可達（ricotta）起司，使熱量大為降低。由核桃和椰棗製成的派皮，創造出既健康又具現代感的經典甜點，特別適合在夏夜花園裡優雅享用。

我用了三種天然、未精製的甜味劑增添起司蛋糕的風味：原蔗糖，讓蛋糕在烘烤後表面呈金黃色；椰棗，增加蛋糕底部的黏稠度；蜂蜜，則讓藍莓醬汁酸酸甜甜的，也軟化了藍莓的質地。

12 人份

底部
去籽新鮮椰棗或椰棗乾　150g
核桃碎粒（冷藏浸泡隔夜）　115g

內餡
新鮮藍莓　1kg
蜂蜜　45ml／3T

瑞可達起司　1kg
原蔗糖　150g
檸檬皮屑　5ml／1t
香草精　10ml／2t
海鹽　1.5ml／¼ t
蛋　4 顆

1. 烤箱預熱至 180℃／350 ℉／Gas4。

2. **準備製作蛋糕底部**：椰棗在溫水中浸泡 10 分鐘。

3. 倒掉浸泡椰棗的水，浸泡過的椰棗與核桃放入食物處理器中攪打 30 秒，充分混合。

4. 將 3 倒入直徑 23cm／9in 的可分離式蛋糕烤模中，用湯匙背部按壓，冷藏備用。同時準備製作餡料。

5. 藍莓與蜂蜜攪拌混合，靜置一旁備用。

6. 將起司、原蔗糖、檸檬皮屑、香草精、和海鹽放入大碗中，電動攪拌棒中速攪拌 2 分鐘。

7. 將蛋一顆一顆拌入，每顆蛋要充分混和後再加入下一顆。

8. 將起司糊倒入鋪好底之蛋糕烤模中，烤約 1 小時，烤到蛋糕邊緣隆起，表面呈金黃色，中間部分還沒有完全凝固為止。將烤模置於鐵架上冷卻。

9. 拿掉烤模邊圈之後，將浸漬藍莓的蜂蜜汁液淋在蛋糕上，再以藍莓裝飾蛋糕頂部。完成之藍莓起司蛋糕在室溫下靜置 20 分鐘後即可享用。

適合在夏夜的花園裡優雅享用。

桃子塔

　　無麩質、無糖、不含乳製品，這款新鮮桃子塔不但展現了夏日風情，又超乎想像的鮮美多汁。充分說明了，健康不再意味著要委屈味蕾了！這款桃子塔不但好吃又容易做。

　　塔皮可以當天現做，也可以依據個人的時間提前三天準備。不過，餡料一定要等到當天才鋪上，免得派皮變得濕軟。

　　如果你偏好生機飲食，可以用有機鮮奶油取代椰漿，或者用成熟酪梨混合醃漬桃子用剩的蜂蜜汁來取代。

9 人份

內餡	塔皮
蜂蜜　30ml ／ 2T	核桃、杏仁、或胡桃（冷凍）　115g
肉桂粉　2.5ml ／ ½ t	椰子絲　150g
桃子　4 顆	去籽椰棗乾　10 顆
椰漿（冰鎮）　160ml（或酪梨 1 顆）	（於 50ml 的沸水中浸泡 1 小時）
肉桂粉（食用前撒）　2.5ml ／ ½ t	

1. 在 20cm×20cm ／ 8in×8in 的蛋糕烤模內鋪上烘焙紙。

2. **準備製作餡料**：蜂蜜、肉桂、與 15ml ／ 1T 的溫水調和成蜂蜜汁液。

3. 桃子去籽，每個桃子切成 10 ～ 12 片。

4. 將桃子切片放在淺盤中，淋上蜂蜜汁液，靜置一旁醃漬 1 小時。

5. **準備製作塔皮**：將堅果放入食物處理器中攪打 1 ～ 2 分鐘，再加入椰子絲攪打 10 秒鐘，最後再加入椰棗連同浸泡水攪打 2 分鐘，攪成糊狀。如果太過於黏稠攪不動的話，就把攪拌刀取下，用手攪拌。

6. 將 5 倒入備用烤模中，以湯匙背部按壓鋪滿烤模底部。再將鋪了塔皮的烤模置於冰箱冷藏至少 1 小時備用。

7. **準備製作餡料**：椰漿從冰箱取出，倒入大碗中，以電動攪拌棒攪拌，由低速慢慢調到高速，攪拌 2 分鐘。椰漿愈冰，打發的效果愈好。

8. 把打發的椰漿用矽膠刮刀鋪到塔皮上。

9. 如果你用酪梨取代椰漿的話，將酪梨果泥和蜂蜜在大碗中混合均勻，用矽膠刮刀鋪到塔皮上。再將桃子切片平均鋪在最上層。

10. 將派塔放進冰箱冷藏至少 1 小時，食用前 1 小時從冰箱中取出回溫。拉住烘焙紙將派塔從烤模中取出，即可享用。

11. 食用前撒上肉桂粉。桃子塔可在冰箱冷藏保存 3 天。

　　這可能是我孩童時期最喜歡的甜點了，無糖、無麩質、以新鮮水果取代果醬，讓傳統英式派塔有了新的想像。

　　這款甜品的派皮加了大量奶油，內餡又含蛋，所以並不是蛋奶素，熱量也不低。然而，它保留了傳統英式甜品的特色，又符合現代飲食新觀念，是茶點最佳選擇。

12 人份

內餡

覆盆子　250g

龍舌蘭糖漿　30ml ／ 2T

塔皮

糙米粉　60g

糙米粉（撒粉用）　適量

燕麥粉　30g

太白粉　50g

海鹽　0.6ml ／ $^1/_8$ t

無鹽奶油（冷凍）　80g

冰水　適量

杏仁奶油餡料　（frangipane）

烘焙米粉　15ml ／ 1T

燕麥粉　5ml ／ 1t

太白粉　15ml ／ 1T

杏仁粉　115g

蘇打粉　2.5ml ／ $^1/_2$ t

無鹽奶油（室溫）　115g

無鹽奶油（抹油用）　適量

椰糖　115g

杏仁香精　1.5ml ／ $^1/_4$ t

蛋　2 顆

杏仁片和新鮮覆盆子（點綴用）　適量

1. **準備製作餡料：**覆盆子和龍舌蘭糖漿放入小碗中混合，靜置冰箱醃漬備用。

2. **準備製作塔皮：**粉類過篩，加入海鹽。再將冷凍奶油刨絲加入粉料中，用手混合攪拌，但不要過度搓揉，過程中慢慢加入冰水。水量加到足以揉捏成糰即可，不要過於溼黏。

3. 將 2 揉捏成糰後，以保鮮膜包覆，靜置冰箱 1 小時以上，或冷藏隔夜。

4. 準備好要烤派塔時，先將烤箱預熱至 190℃ ／ 375 ℉ ／ Gas5。在直徑 23cm ／ 9in 的派塔烤模內抹上一層奶油，或鋪上烘焙紙。

5. 在平台上撒上烘焙用米粉，用擀麵棍把麵糰擀成直徑約 30cm ／ 12in 的塔皮。將塔皮掛在擀麵棍，再移到烤模上鋪平，超出外圍的塔皮用刀切除，然後塔皮上再鋪上一層烘焙紙，倒入乾豆壓住，置入烤箱烤 10 分鐘。

夏日貝克維爾塔

這可能是我孩童時期最喜歡的甜點了，
無糖、無麩質、以新鮮水果取代果醬，
讓傳統英式派塔有了新的想像。
保留了傳統英式甜品的特色，
又符合現代飲食新觀念，是茶會的最佳選擇。

6. **準備製作杏仁奶油餡料**：將所有粉類篩入大碗中。

7. 進行製作杏仁奶油餡料的同時，將派皮從烤箱中取出，移除派皮上的乾豆和烘焙紙，再將派皮放進烤箱烤 5 分鐘，再從烤箱取出靜置 5 分鐘。

8. 將奶油和椰糖放入大碗中，用電動攪拌棒以中速打到鬆發，加進杏仁香精繼續攪打 30 秒，再將蛋一一加入攪打，最後將粉類拌入。

9. 將醃漬過的覆盆子倒入塔皮中，再將 8 倒入，用矽膠刮刀鋪平。完成後放入烤箱。

10. 在烤箱中烤約 20 分鐘後取出，在派塔上撒上杏仁片，再將派塔放回烤箱烤 5 ～ 10 分鐘，表面呈金黃色即可取出。以新鮮覆盆子裝飾即可享用。

密西西比軟泥派起源於美國 1950 年代，通常採用市面上可取得之高度加工的材料製作。我的作法跟傳統軟泥派一樣有趣，不過！一樣加了很多巧克力，但用的是更健康的生可可。我建議用甜菊粉和羅漢果粉來提升甜味，因為這兩者基本上是由赤蘚糖醇構成，相當適合用在烘焙食品上。不過也可以依據個人喜好，用椰糖或楓糖來代替，只要份量加倍即可。

至少要提前一天準備，因為內餡和卡士達醬冷藏隔夜更好吃！

無糖甜點烘焙寶典

12 人份

派皮

蔬菜油（抹烤盤用）　15ml ／ 1T

碎核桃　225g

枸杞子　115g

楓糖漿　50ml

楓糖　50g

內餡

椰子油　60ml ／ 4T

生可可膏（塊）　175g

蛋　6 顆

海鹽　1.5ml ／ ¼ t

甜菊粉或羅漢果粉　50g

龍舌蘭糖漿　45g

巧克力卡士達醬

甜菊粉或羅漢果粉　45ml ／ 3T

可可粉　50g

玉米粉　75ml ／ 5T

杏仁奶　600ml

椰子油　45ml ／ 3T

奶霜（topping）

重乳脂鮮奶油　300ml

可可粉（撒粉用）　適量

1. 烤箱預熱至 180℃ ／ 350 °F ／ Gas4。在直徑 23cm ／ 9in 的可分離式蛋糕烤模內抹上一層油。

2. **準備製作派皮**：將核桃、枸杞子、楓糖漿、楓糖放入食物處理器中，攪打成糰。

3. 將 2 倒入蛋糕烤模中，以湯匙背部按壓，讓派皮鋪於烤模底部及邊緣，不過在接近烤模外圍處預留一圈 1cm 的高度不用鋪滿。

4. **準備製作餡料**：將椰子油和可可膏放入耐熱碗中隔水加熱，攪拌混合。

5. 將蛋黃、海鹽、甜菊粉或羅漢果粉放進碗中，以電動攪拌棒高速攪打 5 分鐘，直到顏色變乳白，體積膨脹一倍。將攪拌器洗淨並擦乾。

6. 取另外一個乾淨的碗，將蛋白倒入，以電動打蛋器攪打數分鐘，先低速慢慢調至高速。加入龍舌蘭糖粉後續打，打至拿起打蛋器尾端呈現彎曲狀態之蛋白霜即可。

密西西比軟泥派

揚棄了以乳化劑和氫化油加工製成的鮮奶油，
採用真正動物性鮮奶油打發：
呈現出最傳統的奶霜，
完全無添加高果糖玉米糖漿。

7. 用矽膠拌匙將蛋白霜拌入 5，再將椰子油和可可膏混合之 4 拌入。

8. 將 7 倒入派皮中，置入烤箱烤約 40 分鐘，烤到餡料凝固，但搖動烤模時仍會晃動。

9. 將烤模從烤箱中取出，至於鐵架上冷卻。冷卻後，軟泥餡料中間會略為凹陷。再將軟泥派放入冰箱靜置 3 小時以上，或冷藏隔夜。

10. **準備製作巧克力卡士達醬**：把甜菊粉或羅漢果粉、可可粉、玉米粉放入鍋中攪拌混合，慢慢倒入杏仁奶，用電動攪拌棒低速攪拌均勻，避免有結塊。再以中火加熱，持續攪拌至沸騰，沸騰後續煮 30 秒，然後倒入碗中。

11. 在 10 之卡士達醬中加入椰子油，以攪拌棒中速攪打，直到椰子油融化，融入卡士達醬中。

12. 卡士達醬冷卻 15 分鐘後，放入冰箱靜置 3 小時以上，或冷藏隔夜。

13. 冷藏後，將卡士達醬從冰箱取出，用矽膠拌匙攪拌，倒入軟尼派中鋪平，注意不要超出派皮邊緣的範圍。

14. 將軟泥派靜置冰箱 1 小時 30 分鐘，冷藏完成後從冰箱取出。把派體從蛋糕烤模中取出，放於蛋糕台上。

15. **製作奶霜**：將鮮奶油倒進大碗中，用電動打蛋器高速攪打至奶霜尾端呈挺立狀。將奶霜塗抹於軟泥派的最上層，撒上可可粉後即可享用。

無糖甜點烘焙寶典

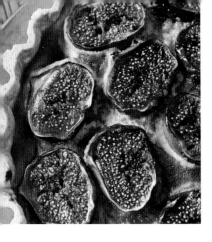

新鮮無花果鑲在充滿肉桂的金黃色卡士達醬裡，造就了這款美麗的焦糖派塔。不管你用的是黑色或綠色的無花果，那天然的甜味在烘烤後更加濃郁，入口更有嚼勁。

我建議使用甜菊粉，不過也可以依據個人喜好，用等量的原蔗糖或椰糖代替。不管使用哪一種，加入肉桂和黑胡椒粉都可以讓無花果的風味更上一層樓。

無糖甜點烘焙寶典

8 人份

塔皮

中筋麵粉　250g

中筋麵粉（撒粉用）適量

甜菊粉　30ml ／ 2T（可省略）

泡打粉　2.5ml ／ ¹⁄₂ t

海鹽　2.5ml ／ ¹⁄₂ t

無鹽奶油（切丁、冷凍）225g

冷水　50ml

卡士達內餡

肉桂棒　2 條

杏仁奶　175ml

重乳脂鮮奶油　175ml

蛋　1 顆

蛋黃　1 顆

玉米粉　25ml ／ 1 ¹⁄₂ t

海鹽　1.5ml ／ ¹⁄₄ t

甜菊粉　45ml ／ 3T

香草精　10ml ／ 2t

無鹽奶油（軟化）　45ml ／ 3T

無花果

成熟無花果（對半切）10 顆

杏仁油　30ml ／ 2T

蜂蜜　60ml ／ 4T

海鹽和黑胡椒　適量

1. **準備製作塔皮：**將所有乾粉料置入大碗中，加入奶油用手指搓揉、或用食物處理器攪打成粉粒狀，再加水揉捏。

2. 將 1 置於平台上揉捏成麵糰，成糰即可，不要過度搓揉。再將麵糰蓋上保鮮膜，冷藏至少 1 小時，或隔夜。當你準備好要做其他的步驟時，再將麵糰從冰箱中移出，靜置室溫下回溫。

3. 在直徑 30cm ／ 12in、邊緣高約 2.5cm ／ 1in 的烤模內抹上一層奶油。

4. 在平台上撒上麵粉，用擀麵棍把麵糰擀成直徑約 40cm 的麵皮。

5. 將麵皮掛在擀麵棍上移到烤模，用手指輕壓於烤盤底部及邊緣，超出外圍的麵皮用刀切除。注意邊緣要多一些塔皮，以防烤過之後塔皮回縮。再放進冰箱冷藏至少 1 小時，或隔夜。

6. **準備製作內餡：**將肉桂棒、杏仁奶、鮮奶油置於鍋中，不加蓋子，低溫加熱。

7. 在大碗中加入蛋、蛋黃、玉米粉、鹽、甜菊粉、香草精，再用手持攪拌器或電動攪拌棒低速攪打。

夏日盛產的新鮮無花果、金黃色的卡士達醬
與迷人肉桂，交織為如此美麗的派塔。
無論是黑色或綠色的無花果，
烘烤過後都會散發驚人甜香。

8. 將 6 鍋中之混合物調至中火慢慢煮滾，然後靜置冷卻 10 分鐘。再將 7 之蛋混合液緩緩加入，一次加 15ml ╱ 1T，充分攪拌後再加下一次。

9. 再度將 8 之混合物以中火加熱，並持續攪拌煮滾，煮滾後續煮 2 分鐘，直到成為濃稠之卡士達醬。取出肉桂棒，再拌入奶油。

10. 烤箱預熱至 180℃ ╱ 350℉ ╱ Gas4。在烤模內鋪上烘焙紙，再鋪上乾豆壓住塔皮與烘焙紙，置入烤箱烤 30 分鐘後再取出乾豆，然後再放進烤箱烤 20 分鐘，烤到塔皮呈金黃色為止。取出塔皮後，靜置冷卻 30 分鐘。

11. 在等塔皮冷卻的同時，將無花果的切面朝上置於盤中，淋上杏仁油和蜂蜜，再撒上海鹽和黑胡椒調味，靜置 1 小時。

12. 將卡士達醬倒入塔皮中，用刮刀刮平，再將無花果切面朝上平均擺在派塔的最上層。最後將此無花果塔放進烤箱烤 1 小時 30 分鐘，烤到卡士達醬和無花果焦糖化為止。從烤箱中取出後，派塔靜置烤模中，冷卻後即可享用。

料理小秘訣：
　　塔皮和卡士達內餡中的甜菊粉可依據個人喜好不同，以椰糖取代：塔皮的椰糖用量為 60ml ╱ 4T，卡士達內餡的椰糖用量為 75ml ╱ 5T。同樣的，淋在無花果上的杏仁油，也可以用融化的椰子油或奶油取代。

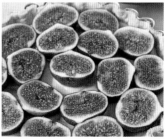

南瓜派是美國感恩節餐桌上不可或缺的代表性甜點，各種品種的南瓜都適用，而我喜歡用奶油南瓜來做。其實很難判斷要用多少生南瓜才能煮出 450g 的熟南瓜，所以建議你一次多煮一些，再取需要的份量。你也可以用罐頭南瓜來做，但是做出來的南瓜派就是沒那麼好吃！

南瓜派的派皮通常比較厚，帶有淡淡的蜂蜜香甜，派上頭還裝飾著麵皮做成的葉子。你可以大膽嘗試用其他形狀來裝飾，只要是餅乾模型切得出來的形狀，圓圈、星星、或是薑餅人都行！

無糖甜點烘焙寶典

8 人份

南瓜泥
大南瓜（或奶油南瓜，對切去籽）1 顆
葵花油　50ml
水　250ml

派皮
奶油（室溫，抹烤盤用）　15ml ／ 1T
蜂蜜　30ml ／ 2T
溫水　45ml ／ 3T
中筋麵粉　250g
中筋麵粉（撒粉用）　適量

海鹽　2.5ml ／ ½ t
無鹽奶油（冷凍）　175g

內餡
蜂蜜　150ml
蛋　3 顆
玉米粉　30ml ／ 2T
肉桂粉　10ml ／ 2t
薑粉　5ml ／ 1t
海鹽　1.5ml ／ ¼ t
重乳脂鮮奶油　150ml

1. 烤箱預熱至 180℃ ／ 350 ℉ ／ Gas4。

2. 在南瓜或奶油南瓜的表面抹一層油，然後把切開的那一面朝下置入抹油的烤盤。再把水倒入烤盤中，放進烤箱烤約 1 小時 30 分鐘，直到南瓜肉熟透，刀子容易切入為止。將南瓜從烤箱移出，靜置一旁，等沒那麼燙之後，再把瓜肉刮出來。

3. 將 450g 的南瓜肉放進食物處理器中攪拌成泥，再將南瓜泥放在過濾器或紗布上靜置 2 小時，將水份濾掉。

4. 南瓜泥完成後，在直徑 23cm ／ 9in 的烤盤內抹上一層奶油，再度預熱烤箱至 180℃ ／ 350 ℉ ／ Gas4。

5. **準備製作派皮**：將蜂蜜和水混合均勻，放進冰箱冷藏備用。

南瓜派

113

塔、派及起司蛋糕

南瓜原產於美洲，
是許多童話故事的重要角色。
原生種的南瓜有各種不同的
形狀、大小與顏色，
像是白色、綠色和超級大的深橘色。

6. 將麵粉和海鹽過篩置入大碗中，將冷凍的奶油塊刨絲加入，刨絲器不時沾一沾麵粉，防止沾黏奶油。

7. 將一半的蜂蜜水淋入 6 中，用手指揉捏成糰。注意蜂蜜水要一點一點加入，讓麵糰有延展性，但不要太濕。

8. 在平台及擀麵棍上撒上麵粉，把麵糰擀成 1cm 的麵皮。將麵皮對折掛在擀麵棍移至烤盤上，用手指輕壓烤盤邊緣，超出外圍的麵皮用刀切除。然後將切除的麵皮，揉捏成糰。平台上重新撒上麵粉，再把麵糰擀成 1cm 的麵皮。

9. 用餅乾模型在麵皮上印出葉子的形狀，或用刀子劃出葉子亦可。剩下的麵皮再次揉捏成糰、擀平、切割，直到所有的麵皮都用完為止。

10. **準備製作餡料：**把瀝掉水份的南瓜泥倒進大碗中，加入蜂蜜、蛋、玉米粉、香料、鹽、和鮮奶油，攪拌均勻。

11. 將餡料倒入派皮中，將葉子麵皮鋪在最上層，由外圍往中心層層堆疊，直到派的中心留約直徑 6cm 的圓心不覆蓋為止。

12. 將南瓜派移入預熱好的烤箱烤約 1 小時 15 分鐘，直到派皮呈金黃色、內餡還會因搖晃而晃動為止。南瓜派靜置烤盤內，冷卻後即可享用。

櫻桃派

受到格林威治村藍調老歌手的啟發，這款櫻桃派也會讓你所愛的人唱起歌來！裸麥麵粉的金黃色派皮，和櫻桃內餡裡流出的深紅濃稠汁液形成強烈對比。

去櫻桃籽很簡單，只要用擠花嘴把櫻桃籽一一擠出來，幾分鐘的時間就可以完成。如果你願意，可以把這工作交給較大的孩童負責；或者在夏日午後，一邊聽著收音機，一邊自己動手做也很愜意。

8 人份

派皮

裸麥麵粉	200g
中筋麵粉	200g
中筋麵粉（撒粉用）	適量
原蔗糖	15ml ╱ 1T
海鹽	0.6ml ╱ 1/8 t
無鹽奶油（冷藏）	225g
冰水	120ml
杏仁香精	2.5ml ╱ 1/2 t

內餡

深紅熟櫻桃（去籽去梗）	450g
裸麥麵粉	30ml ╱ 2T
原蔗糖	150g
杏仁粉	50g

增色點綴

牛奶	15ml ╱ 1T
蔗糖	2.5ml ╱ 1/2 t

1. **準備製作派皮：** 先把麵粉篩進大碗裡，再加入原蔗糖和鹽；奶油切成 1cm 小丁；冰水和香草精在杯中混合。

2. 將奶油丁倒入麵粉中，輕快地用手指揉捏成粗粉粒狀。再緩緩加入 100ml 的杏仁水，一次加一大匙，用手指輕輕搓揉，直到麵糰揉成球狀為止。

3. 將麵糰分成兩塊，用保鮮膜包起來，冷藏至少 30 分鐘，隔夜更好。麵團可以在冰箱冷藏長達兩個禮拜。

4. 烤箱預熱至 220℃ ╱ 425 ℉ ╱ Gas 7，在直徑 23cm ╱ 9in 烤盤內抹上一層奶油備用。

受到格林威治村
藍調老歌手的啟發，
這款櫻桃派會
讓你所愛的人唱起歌來！
裸麥麵粉的金黃色派皮，
和櫻桃的深紅內餡
形成強烈對比。

無糖甜點烘焙寶典

5. **準備製作餡料：**把櫻桃放進大碗中，加入麵粉和蔗糖混合，靜置一旁備用。

6. 在平台和擀麵棍上撒麵粉，用擀麵棍將麵糰擀成直徑 30cm 厚度 3mm 的圓形。

7. 將派皮對折掛在擀麵棍上，移到烤盤上鋪平。輕壓烤盤邊緣將角落填滿，超出外圍的派皮用刀切除。

8. 將杏仁粉撒在派皮底部，然後將櫻桃餡料混和物倒入鋪平。

9. 從冰箱裡拿出另一塊麵糰，擀成直徑 30cm 厚度 3mm 的圓形，再用擀麵棍將派皮移至派上蓋住，按壓周圍封住餡料。然後將邊緣多出來切除的派皮，重新再擀一次，用鋒利的刀割出葉子形狀的派皮，用來裝飾櫻桃派表面。

10. 葉片裝飾好後，用牛奶刷過派皮表面再撒上原蔗糖，放進預熱好的烤箱烤約 15 分鐘後，將烤箱溫度調低到 190℃／375℉／Gas 5。

11. 溫度調低後烤約 25 分鐘，查看是否呈深金黃色，再烤約 15～20 分鐘，然後移出烤箱。可以靜置 5 分鐘後溫熱地吃，也可以等完全冷卻後再享用。

鄉村甜點國王派
（RUSTIC GALETTE）

　　此派塔也可以輕鬆變身為充滿鄉村風情的法國傳統甜點國王派。只要在烤盤上抹油或是鋪上烘焙紙，將派皮擀為直徑約 30cm 大小置於烤盤上。派皮邊緣預留 4～5cm，在派皮上撒杏仁粉再鋪上櫻桃餡料，然後再將邊緣派皮粗略地往上翻摺，形成邊框圍住。最後在表面刷上一層牛奶，撒上原蔗糖，再送進烤箱即可，烤箱溫度與櫻桃派相同。

　　烤好之後，小心將國王派取出至於鐵架上。雖然賣相看起來黏呼呼的，有醬汁溢出派皮邊緣，但絕對值得品味！放涼後搭配凝脂奶油（clotted cream）一起享用，超讚。

特殊節慶蛋糕

生日蛋糕、聖誕蛋糕、結婚蛋糕、還有簡單的茶點蛋糕……

想要在特殊場合來點無糖蛋糕，來這裡找就對了！

要無糖又無麩質嗎？

那就試試無麵粉巧克力捲；

要來點溼潤懷舊的感覺嗎？那就來份檸檬蛋糕；

還是你想要贏得滿堂彩？

那就非維多利亞奢華蛋糕莫屬了。

所謂無糖蛋糕，

並非一定是健康得很無趣。

在這裡，你可以找到

好吃又奢華的無糖蛋糕，

絕對會成為

任何場合的完美焦點。

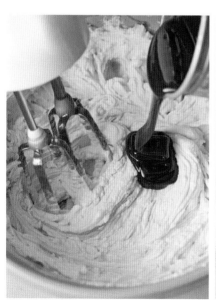

聖誕水果堅果蛋糕

　　無糖、無麩質、不含乳製品，這款超級濃郁濕潤的蛋糕可以出爐後趁熱吃，也適合放冷了再食用，多放幾天會更有嚼感。蛋糕的甜味來自於地瓜絲，我還加了無花果乾，這是聖誕蛋糕裡不可或缺的食材。記得要提前一天準備，因為無花果和杏仁需要在柳橙果泥中浸泡隔夜。可搭配卡士達醬、打發鮮奶油、或者無糖香草冰淇淋一起享用。

12 人份

臍橙（去皮切片）	1 顆	杏仁粉	50g
無花果乾（切丁）	75g	椰子油	175ml
杏仁（切條）	115g	椰糖	115g
蔬菜油或奶油（抹油用）	15ml ／ 1T	蘇打粉	15ml ／ 1T
燕麥	90g	海鹽	2.5ml ／ 1/2 t
蛋（打散）	3 顆	肉桂粉	5ml ／ 1t
地瓜（刨絲）	250g	薑粉	5ml ／ 1t
無糖椰子絲	75g	荳蔻粉	2.5ml ／ 1/2 t
		丁香粉	2.5ml ／ 1/2 t

1. 臍橙片用果汁機打成果泥，一半與無花果混合，另一半與杏仁混合，冷藏隔夜備用。

2. 烤箱預熱至 180℃ ／ 350 ℉ ／ Gas4。在直徑 23cm ／ 9in 可脫模蛋糕烤模中抹上蔬菜油或奶油。

3. 將燕麥倒入食物處理器中攪打 30 秒，打成粉狀。

4. 把蛋打入大碗中，加入其他所有材料，攪拌混合在一起。

5. 將混合之麵糊倒入烤模中烤 40 ～ 50 分鐘，用竹籤插入蛋糕中央，沒有沾粘即可出爐。

6. 蛋糕在烤模中靜置 10 分鐘再脫模，可以溫熱地吃，也可以放在鐵架上冷卻後再享用。

無糖、無麩質、不含乳製品，

這款超級濃郁濕潤的蛋糕可以出爐後趁熱吃，

也適合放冷了再食用，多放幾天會更有嚼感。

可搭配卡士達醬、打發鮮奶油、

或者無糖香草冰淇淋一起享用，更加美味。

維多利亞蛋糕大概是生日蛋糕中最棒的一款了！同時也是最受歡迎的經典蛋糕。我已將它升級改良為無糖、無麩質的版本，並設計有四塊蛋糕體，層層堆疊，絕對是任何派對的完美焦點。生日、茶會、婚宴、週年紀念日、寶寶派對、或者其他特殊場合都適宜。

儘管我對麥麩不會過敏，但是準備一份不含麩質的派對蛋糕，可以讓每個人都能盡情享用，賓主盡歡。這款蛋糕鬆軟美味的秘訣，就在於麵糊調得較一般食譜稀一些。現在就動手做做看，來份無麩質的蛋糕吧！

無糖甜點烘焙寶典

12 人份

餡料

草莓（去蒂頭、每顆切四瓣）1kg

檸檬擠汁　1/2 顆

龍舌蘭糖漿　50ml

椰漿或鮮奶油（冷藏備用）500ml

蛋糕體

奶油　450g

椰糖　275g

香草精　20ml ／ 4t

蛋　3 顆

無麩質麵粉　450g

泡打粉　15ml ／ 3t

杏仁奶或全脂牛奶　500ml

龍舌蘭糖粉（撒粉用）可省略

鮮花（裝飾用）　可省略

1. **準備製作餡料：**將檸檬汁擠入杯中，加入龍舌蘭糖漿混合。草莓放進碗裡，淋上檸檬混合液，再用保鮮膜包覆，放進冰箱醃漬至少 4 小時，或冷藏隔夜備用。

2. **準備製作蛋糕體：**烤箱預熱至 180℃ ／ 350 ℉ ／ Gas4。在兩個直徑 23cm ／ 9in、高 5cm ／ 2in 的不沾蛋糕烤模內側薄薄抹上一層油。

3. 將 225g 奶油、150g 椰糖、10ml ／ 2t 香草精放入大碗中，以木匙攪拌均勻。最後加入 3 個蛋，一次加一個，拌勻後在加入下一個。

4. 225g 的麵粉和 7.5ml ／ 1 1/2 t 的泡打粉篩入 3 中攪拌均勻，再慢慢加入 250ml 的杏仁奶。

自製無麩質麵粉（1kg）

糙米粉　450g

馬鈴薯粉　325g

燕麥粉　325g

　　將所有粉類過篩混合均勻，裝入乾淨的密封容器中，冷藏保鮮。

新鮮醃漬過的草莓堆疊在打發的鮮奶霜上，
從層疊的蛋糕中擠出來，
像極了童話故事中的場景，
任何生日小公主都會滿意這樣美麗的寵愛。
草莓最好浸漬隔夜備用，記得要提前準備。

5. 將麵糊均分倒入兩個蛋糕烤模，烤約 45 分鐘，用竹籤插入蛋糕中央，沒有沾粘即可出爐。

6. 將蛋糕脫模倒在鐵架上，靜置一旁冷卻。再重複以上步驟，用剩下的另一半材料再做兩塊蛋糕，因此總共有四塊蛋糕體。

7. 等四塊蛋糕體都烤好冷卻備用後，再將椰漿從冰箱取出。用電動攪拌棒或打蛋器攪打椰漿，打到打蛋器拿起後，奶霜尾端呈現挺立狀即可。

8. 把一塊蛋糕體放在盤中或蛋糕台上，用刮刀塗抹上三分之一的鮮奶油，再擺上四分之一的草莓，然後疊上第二塊蛋糕體。

9. 再重複將等量的鮮奶油抹在第二塊蛋糕體上，擺上與之前等量的草莓，然後疊上第三塊蛋糕體。接著將剩餘的鮮奶油全抹上第三塊蛋糕體，同樣擺上等量的草莓，然後疊上第四塊蛋糕體，最後把剩下的草莓全都擺上去。

10. 靜置 1 小時，讓蛋糕吸收鮮奶油和草莓汁液。視個人喜好，可在食用前撒上龍舌蘭糖粉，或以鮮花裝飾，增添視覺饗宴。

這款堆滿浸漬草莓的粉紅色蛋糕可愛極了，它的顏色是來自純天然、未經加工的蔬果食材，像是甜菜根、草莓、和一種被稱為超級食物的楊梅粉（yum berry powder），楊梅呈鮮紅色，是富含抗氧化成份的莓果。這蛋糕不但無糖，而且超乎想像的濕潤美味。更重要的是，它和一般粉紅天鵝絨蛋糕不同，完全不含任何市售的化學食用色素。

把蛋糕切開來，咖啡色的海綿蛋糕體上綴著點點鮮紅，柔軟濕潤又有放縱的幸福感，是大人小孩都喜愛的生日蛋糕。

無糖甜點烘焙寶典

16 人份

蛋糕體

中型甜菜根（削皮；切塊）5 顆
杏仁粉　200g
中筋麵粉　250g
楊梅粉　50g
生可可粉　60ml ／ 4T
泡打粉　30ml ／ 2T
海鹽　5ml ／ 1t
白脫奶（buttermilk）　250ml
蘋果酒醋　10ml ／ 2t
香草精　10ml ／ 2t
無鹽奶油（室溫）　225g

赤蘚糖醇　450g
蛋　4 顆

置頂草莓

新鮮草莓（去蒂頭、每顆切四瓣）　2kg
大麥麥芽糖漿　60ml ／ 4T

奶霜

無鹽奶油（室溫）　115g
奶油起司　450g
香草精　15ml ／ 1T
蘋果酒醋　5ml ／ 1t
大麥麥芽糖　250ml
新鮮玫瑰花瓣（裝飾用）適量

1. **準備製作蛋糕體：**將甜菜根放進果汁機中，加適量的水打成甜菜汁泥。用量杯取出的甜菜根汁液，將甜菜根果泥保留冷藏備用。

2. 將杏仁粉與浸泡在 250ml 的甜菜根汁液中，靜置至少 1 小時 30 分鐘，或冷藏隔夜。

3. **準備製作置頂草莓：**將草莓放入大碗中，加入大麥麥芽糖浸漬至少 1 小時，或冷藏隔夜。

4. 烤箱預熱至 180℃ ／ 350 ℉ ／ Gas4。在四個直徑 23cm ／ 9in 的圓形蛋糕烤模內側抹上一層油。

5. **繼續製作蛋糕：**將所有粉類（麵粉、楊梅粉、可可粉、泡打粉、海鹽）篩入大碗中。再取另一小碗，將白脫奶、醋、香草精混合在一起。

一般的紅色天鵝絨蛋糕
因添加人工食用色素，
才會呈現紅色的蛋糕體。
而紅色食用色素是經由化學合成加工，
究其根柢其實是一種石油產品。
這份食譜用的不是人工色素，
採用的是新鮮食材，為蛋糕添加美麗的粉紅色澤。

6. 用湯匙背將奶油和赤蘚糖醇按壓混合在一起，再用電動攪拌棒高速攪打 3 分鐘，打到鬆發為止。再將蛋一一加入，每顆蛋以中速攪打 1 分鐘。

7. 將杏仁和甜菜根混合汁液加入 6 高速攪打 30 秒，再加入四分之一粉類續打 30 秒，然後再加入四分之一的白脫奶混合物續打 30 秒。接著慢慢加入剩餘之粉類和白脫奶混合物，快速拌勻。

8. 麵糊拌勻後平均倒入四個蛋糕烤模中，烤約 25 ～ 30 分鐘，用竹籤插入蛋糕中央，沒有沾粘即可出爐。將蛋糕留在烤模內冷卻 15 分鐘，再倒在鐵架上，靜置使其完全冷卻。

9. **準備製作奶霜**：將奶油和奶油起司放在大碗中用電動攪拌棒打到鬆發，再加入香草精、醋、大麥麥芽糖繼續打到成為鬆軟滑順的奶霜。

10. 將 60ml ／ 4T 甜菜根果泥、50ml 浸漬草莓的汁液加到奶霜中，繼續攪打。

11. 將一塊蛋糕體放在淺盤中或蛋糕台上，用刮刀在蛋糕上塗抹五分之一奶霜，再疊上第二塊蛋糕體，繼續塗抹奶霜，持續重複同樣的動作直到四塊蛋糕體都疊上去，抹上粉紅色奶霜。

12. 蛋糕組合完成後，將頂部及周圍都用奶霜塗抹包覆起來，並將草莓置頂堆疊，最後用新鮮玫瑰花瓣撒仕周圍裝飾。

料理小秘訣：
　　如果你買不到楊梅粉和白脫奶，楊梅粉可以用中筋麵粉取代；白脫奶可用牛奶加入，檸檬汁放 5 ～ 10 分鐘替代。

　　這份食譜的靈感來自傳統馬卡龍，可以說也是我的最愛之一。不管是不能吃麩質食物的客人，或者是喜歡縱情享受美食的賓客，都很喜歡這款蛋糕。只要是吃過的人，都難以抗拒想再多吃一塊！尤其是在柳橙蛋糕烘烤時，從廚房傳出的陣陣香味，更加令人著迷。

　　這款蛋糕不便宜，因為料多實在，含有很多堅果和椰糖。雖非日常點心，但絕對適合在特殊場合中宴請賓客。如果你喜歡自製無糖巧克力醬料，請參考 p193 頁的素食生巧克食譜。記得要把巧克力溫熱成液狀，才能淋在蛋糕上。

12 人份

中型柳橙（或大型臍橙）3 顆（或 2 顆）

椰子油（抹烤模用）　5ml／1t

蛋　6 顆

椰糖　450g

杏仁粉　500g

泡打粉　7.5ml／1 1/2 t

無糖巧克力醬（佐醬）可省略

1. 大火煮滾一大鍋水，將柳橙放入滾水中，蓋上鍋蓋，轉小火悶煮 30 秒。用漏勺將柳橙取出，靜置一旁冷卻，水倒掉。

2. 烤箱預熱至 180℃／350℉／Gas4。在直徑 23cm／9in 可分離的蛋糕烤模內側抹上一層椰子油。

3. 柳橙冷卻至不燙手時，從周圍對切去籽，再放入果汁機中，高速攪打 20 秒，打成果泥。

4. 把蛋打進大碗中，加入椰糖，用叉子攪拌混合。再加進柳橙果泥，用大湯匙或矽膠匙攪拌混合。最後將杏仁粉和泡打粉等乾粉類快速拌入。

5. 將麵糊倒入蛋糕烤模中，表片稍微刮平，烤約 50 分鐘，用竹籤插入蛋糕中央，沒有沾粘即可出爐。如果再多烤一會兒，蛋糕表面的顏色會更深，味道會更加濃郁。

6. 蛋糕靜置烤模內完全冷卻，取出即可享用，也可淋上巧克力醬一起食用。

不管是
不能攝取麩質的客人，
還是
喜歡縱情享受的饕客，
都喜歡這款蛋糕。
只要是吃過的人，
都難以抗拒
再多吃一塊的誘惑！

注意麵糊要鋪平，這樣烤出來的蛋糕才會疊得又穩又漂亮。

這款老少咸宜的蛋糕，適合小孩的生日派對，也適合當作晚宴的壓軸。既無麩質又無糖，不過我還是用了傳統的乳製品來做巧克力奶油夾層抹醬。如果你不想用乳製品，可以用高品質的植物奶優格，如杏仁優格來取代。

我建議用兩個直徑 25cm ／ 10in 的蛋糕烤模來製作，不過如果你只有直徑 23cm ／ 9in 的烤模，效果也一樣優，只要注意烤模內側一定得抹上一層油就好。

16 人份

蛋糕體
希臘優格（美國製，原味）500g
橄欖油　150ml
橄欖油（抹烤模用）適量
椰糖　200g
香草精　15 ～ 20ml ／ 3 ～ 4t
蛋　5 顆
糙米粉　225g
燕麥粉　90g

馬鈴薯粉　125g
泡打粉　20ml ／ 4t
海鹽　5ml ／ 1t

巧克力奶油抹醬
無鹽奶油（室溫）225g
奶油起司（室溫）450g
龍舌蘭糖粉　200g
可可粉　20g
龍舌蘭糖漿　30 ～ 60ml ／ 2T ～ 4T

1. 烤箱預熱至 180℃ ／ 350 ℉ ／ Gas4。在直徑 25cm ／ 10in 可分離的蛋糕烤模內側抹上一層油。

2. **準備製作蛋糕體：**把優格、油、椰糖、香草精放進大碗中，用電動攪拌棒低速攪打，再把蛋一一加入，每顆蛋要完全融合後再加下一顆。然後用木匙拌入其他所有粉料，攪拌均勻。

3. 將麵糊平均倒入兩個蛋糕烤模中，用矽膠拌匙把表面鋪平整，烤約 45 分鐘，直到蛋糕表面呈金黃色，蛋糕周圍略與烤模分離。

4. 把蛋糕從烤箱中移出，靜置烤模內冷卻 15 分鐘，然後將可分離之烤模邊圈拿掉，將蛋糕移至鐵架上冷卻。

5. **等蛋糕完全冷卻後，開始製作巧克力鮮奶油：**將所有材料放進大碗中，用電動攪拌棒中速攪打 2 分鐘。

6. 將一塊蛋糕體放在淺盤中或蛋糕台上，在蛋糕上均勻塗上一半的巧克力奶油，再小心疊上第二塊蛋糕體，繼續將剩下的巧克力奶油塗抹至上層，用矽膠拌匙在表面劃出漩渦狀，完成後即可端上桌宴請賓客。

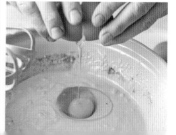

紅蘿蔔蛋糕在 1970 年代曾經流行一陣子，因為含糖量比其他蛋糕少，得以在那注重健康的時期引領風騷。然而，時至今日，紅蘿蔔蛋糕卻因為加了很多精製糖使其魅力盡失，而且加的通常是高果糖的玉米糖漿。

在這份食譜裡，我以新鮮水果及乾果取代精製糖。除此之外，還加了椰糖提高黏稠度，添加香料提升天然甜度。另外，我還加了菊薯粉，如果你無法取得的話，可以用楓糖取代。這是你可以放心食用的無糖蛋糕，不但沒添加精製糖，而且乳糖和麩質也很低！記得要提早一天開始準備。

12 人份

蛋糕體

柳橙皮屑、柳橙汁 ¹/₂ 顆

黃金葡萄乾　115g

碎核桃　115g

蛋　2 顆

紅蘿蔔（刨絲）　185g

蘋果（刨絲）　75g

斯佩耳特（spelt）麵粉 185g

椰子油　175ml

椰糖　150g

菊薯粉或楓糖　25g

蘇打粉　10ml ／ 2t

海鹽　5ml ／ 1t

肉桂粉　10ml ／ 2t

荳蔻粉　2.5ml ／ ¹/₂ t

薑粉　2.5ml ／ ¹/₂ t

奶霜

無鹽奶油　115g

歇布爾（chévre）山羊起司 225g

楓糖漿　200g

香草精　5ml ／ 1t（可省略）

鮮花（裝飾用）　適量

1. 把柳橙汁和柳橙皮屑放入小碗中，將黃金葡萄乾浸泡其中。取另一小碗，將核桃浸泡水中。再將這兩個碗靜置冰箱中冷藏隔夜。

2. 隔天，烤箱預熱至 180℃ ／ 350℉ ／ Gas4。在直徑 23cm ／ 9in 的蛋糕烤模內側抹上一層油。

3. 把蛋打入大碗中，加入瀝乾水份的核桃，再將黃金葡萄乾、柳橙汁和皮屑、連同其他材料一起加入。混合均勻後倒入烤模。

4. 烤約 40 ～ 50 分鐘，用竹籤插入蛋糕中央，沒有沾粘即可出爐。蛋糕靜置烤模內 15 分鐘。

5. 將蛋糕翻轉至大盤中，覆蓋並靜置一旁完全冷卻。

6. **接著製作奶霜**：用叉子把奶油和歇布爾起司混合在一起，再加入楓糖和香草精繼續攪拌均勻。最後將一半的奶霜用刮刀塗抹在蛋糕上，再疊上第二塊蛋糕體，繼續抹上剩下的奶霜。視個人喜好，可以用鮮花裝飾。

紅蘿蔔蘋果蛋糕

無麵粉巧克力捲

　　這款精緻的瑞士捲，濕潤又充滿濃濃的巧克力，適合在任何時節享用。夏季，可以用新鮮水果點綴；聖誕節，可以做成聖誕樹幹蛋糕。

　　這食譜是改良自媽媽給的老配方，那是我小時候的最愛，跟舒芙蕾很像，含有很多蛋。如果你跟著以下步驟小心做，就可以成功。蛋糕體很薄，在烤的過程要注意，如果邊緣烤焦了，就會不好捲。

12 人份

椰子油（融化）25g
椰子油（抹烤模用）適量
生可可粉　40g
祕魯角豆或牧豆粉 40g
蛋（室溫）　6 顆

塔塔粉　1.5ml ／ ¼ t
椰糖　150g
肉桂粉　適量
龍舌蘭糖漿　30ml ／ 2T
鮮奶油　300ml

1. 烤箱預熱至 190℃ ／ 375 ℉ ／ Gas5。在 33cm×23cm ／ 13in×9in 的瑞士捲烤模內側淡抹上一層油，接著在底部及邊緣鋪上烘焙紙。

2. 大碗中篩入可可粉和牧豆粉，再倒入椰子油，用鐵湯匙均勻混合後，靜置一旁備用。

3. 把蛋白和蛋黃分開，蛋白放入玻璃大碗中，蛋黃置於小碗中，再將塔塔粉加進蛋白中。

4. 將蛋黃倒入 2 中，再加入椰糖混合，靜置一旁備用。

5. 用電動打蛋器高速將蛋白打發成尾端挺立的蛋白霜，靜置一旁備用，切勿過度攪拌。

6. 將蛋黃和可可混合物攪打 2 ～ 3 分鐘，打成糊狀，提起打蛋器滴落下來的蛋糊呈絲滑濃稠狀。

7. 先舀 30ml ／ 2T 的蛋白霜加入 6 中混合均勻，再將剩下的蛋白霜用橡皮括刀以切拌的方式攪拌均勻，小心儘量保留蛋白霜之泡沫。

8. 麵糊倒入烤模中，將烤模輕輕左右傾斜擺動，讓麵糊平均分布於烤模中。置入烤箱烤約 18 ～ 20 分鐘，烤到蛋糕蓬鬆即可出爐。蛋糕留置烤模內冷卻。

9. **蛋糕冷卻後，開始製作鮮奶油內餡**：洗淨打蛋器，將鮮奶油倒入乾淨的大碗，以電動打蛋器高速打到鬆發為止。再將鮮奶油以刮刀抹到蛋糕上，蛋糕邊緣留 2.5cm 的空間。

10. **捲蛋糕**：拉起烘焙紙，由蛋糕的短邊捲起，邊捲邊撕烘焙紙。捲好後，將蛋糕捲移至盤中，撒上龍舌蘭糖粉即可端上桌。

這款經典蛋糕的翻新版，濕潤爽口零負擔，說實在的……比原版還好吃！因採用杏仁粉和燕麥粉取代麵粉，所以沒有麩質。朋友生日時、海邊野餐時，可以烤塊檸檬蛋糕一起享用。還有什麼會比鹹鹹海風配上酸甜檸檬，更令人心曠神怡的呢！

8 人份

檸檬皮屑、檸檬汁　2 顆	燕麥粉　100g
無鹽奶油（軟化）　175ml	泡打粉　15ml／1T
無鹽奶油（抹烤模用）適量	杏仁粉　75g
椰糖　225g	杏仁奶或希臘優格（美國製，原味）150ml
蛋　3 顆	檸檬絲（裝飾用）　適量

1. 烤箱預熱至 180℃／350 ℉／Gas4。在 900g／2lb 的磅蛋糕烤模內側抹上一層油，再鋪上烘焙紙。

2. 將一半的檸檬皮屑放入大碗中，加入奶油和 175g 的椰糖攪拌均勻。

3. 把一顆蛋打進 2 中，再加入 5ml／1t 的燕麥粉，以電動攪拌棒攪打均勻。再重複此動作，把剩下的每顆蛋打進去，每次都要加一小匙燕麥粉攪拌均勻。

4. 將剩下的燕麥粉、泡打粉、和杏仁粉篩入碗中混合。再將此乾粉類用攪拌匙快速拌入奶油糊中，再一點一點加入杏仁奶或優格攪拌稀釋，一直稀釋到麵糊能輕鬆從湯匙掉落，就不要再加了。可能用不著將全部的杏仁奶或優格都加進去。

5. 將麵糊舀進磅蛋糕烤模中，放進預熱好的烤箱，烤約 40 ～ 55 分鐘。

6. 在烤蛋糕的同時，將檸檬汁和剩下的檸檬皮屑混合在一起，把剩下的椰糖也全加進去，靜置一旁溶解備用。

7. 將蛋糕移出烤箱，用竹籤插入蛋糕中央，沒有沾粘即可出爐。蛋糕一出爐後，隨即用叉子在表面戳上許多小洞。

8. 檸檬汁混合液平均倒在蛋糕表面，倒的速度要慢，確定讓汁液完全被蛋糕體吸收後，再繼續往下倒，等所有檸檬汁完全吸收後，將蛋糕靜置於烤模中冷卻。冷卻後，抓住烤模邊緣的烘焙紙將蛋糕取出，再用檸檬皮絲點綴即告完成。

可以為朋友烤塊這樣的生日蛋糕，也可以在海邊野餐時享用。

燕麥水果蛋糕

　　這款素食、無糖、無麩質、高纖、對心臟有益處的蛋糕麵包，最適合切片塗上抹醬烤來吃。我特別喜歡抹有機奶油，也可以塗上杏仁奶油或是膏狀蜂蜜，或是薄薄抹一層固態椰子油。

　　把黃金葡萄乾浸泡在熱茶中，這樣烘烤過後的葡萄乾依舊濕潤。紅茶可以用花草茶代替，如果用洛神花茶或水果茶，還能增加香氣。單純只用溫開水也行，因為最終目的是讓葡萄乾吸飽水份，而且葡萄乾本身就很有味道了。

8 人份

黃金葡萄乾　115g	蘋果汁　45ml ／ 3T
英國早餐茶（熱）120ml	大麥麥芽糖漿　120ml
生腰果　12 顆	燕麥片　225ml
椰子油　15ml ／ 1T	蘇打粉　15ml ／ 1T
椰子油（抹烤模用）適量	海鹽　2.5ml ／ $\frac{1}{2}$ t
香蕉（縱向對切）3 條	肉桂粉　5ml ／ 1t
檸檬汁　$\frac{1}{2}$ 顆	薑粉　5ml ／ 1t
	荳蔻粉　2.5ml ／ $\frac{1}{2}$ t

1. 將黃金葡萄乾浸泡在熱茶中，腰果浸泡在另一杯溫水中，靜置一旁備用，可以的話最好浸泡隔夜。

2. 烤箱預熱至 180℃ ／ 350 ℉ ／ Gas4，在 23cm×13cm ／ 9in×5in 的磅蛋糕烤模內側淡抹上一層油，再鋪上烘焙紙備用。

3. 椰子油置於平底鍋以中火融化，放進香蕉煎約 1 ～ 2 分鐘，再翻另一面煎約 1 ～ 2 分鐘。接著關火，將香蕉靜置餘溫中。

4. 將果汁放進果汁機中，加入瀝乾水份的腰果、焦化香蕉以及煎鍋中所有液體、大麥麥芽糖。高速攪打 20 ～ 30 秒鐘，混和均勻，然後倒入大碗中。

5. 把燕麥片、蘇打粉、海鹽、和所有香料放進食物處理器中攪打 30 秒到 1 分鐘，打到呈均勻粉狀。

6. 將乾粉類拌入濕料中，再把黃金葡萄乾連同浸泡的液體倒入，以攪拌匙快速拌勻。將麵糊倒入磅蛋糕烤模中，隨即把表面整平。

7. 烤約 40 ～ 55 分鐘，用竹籤插入蛋糕中央，沒有沾粘即可出爐。拉起烘焙紙，將蛋糕取出，靜置鐵架上完全冷卻。將蛋糕切片，抹上奶油即可享用。

杯子蛋糕、
方塊蛋糕及司康

把彩旗掛起來！拿出分層點心盤和銀湯匙。

別捨不得搬出你的骨瓷餐盤、印花桌布、或蕾絲蛋糕紙墊，

因為現在是茶點時間，我們要上小蛋糕囉！

無論是馬芬、杯子蛋糕、布朗尼、或是瑪德琳，

這些小巧的甜品都非常適合泡壺熱茶，一同享用，

而且都完全不含糖！

在接下來的日子裡，
蛋糕碎屑會不斷出現在家中各個角落。
這些小蛋糕就是讓人吃了還想再吃，
就是平日，
你也會想要動手烤一盤！

巧克力香蕉杯子蛋糕

　　還有比無糖、純素的巧克力杯子蛋糕更好的東西嗎？這款蛋糕的甜份主要是來自香蕉，而且用亞麻仁代替蛋。記得要用熟透的香蕉，那種皮上有黑點點，口感非常軟的香蕉，這樣做出來的杯子蛋糕才會鬆軟濕潤。

　　長久以來人們都誤以為角豆不好吃，其實並非如此！角豆和可可粉是超搭的食材，不但有淡淡的甜，讓可可的口感更加絲滑濃郁，還能襯出香蕉的甜味，不需再額外加糖。當然，糙米麥芽糖漿和椰奶也有甜味，並增添蛋糕的濕潤度。

10 ～ 12 個

香蕉 4 條	可可粉　75g
葵花油　150ml	角豆粉（carob powder）75g
糙米麥芽糖漿 90ml ／ 6T	全麥麵粉　15g
椰奶　90ml ／ 6T	杏仁粉　25g
香草精　10ml ／ 2t	亞麻仁粉　45ml ／ 3T
	蘇打粉　15ml ／ 1T

1. 烤箱預熱至 180℃ ／ 350 ℉ ／ Gas4。在杯子蛋糕烤模內放進杯子蛋糕紙模。

2. 將香蕉放入碗中，用叉子壓成泥。加入油、糙米麥芽糖漿、椰奶、香草精均勻混合。

3. 將其他乾粉料在另一大碗中混合均勻。

4. 把濕料加入乾粉料中，用湯匙快速拌勻。

5. 將麵糊舀入杯子蛋糕紙模內，裝到大約四分之三滿的程度。置入預熱好的烤箱烤約 25 分鐘，烤到表面金黃、輕壓後會回彈即可出爐。將杯子蛋糕拿出來放在鐵架上，冷卻後即可享用。

長久以來
人們都誤以為
角豆不好吃，
其實並非如此！
角豆和可可粉是
超搭的食材，
不但有淡淡的甜味，
也讓可可的口感
更加絲滑濃郁。

你可能會覺得奇怪，難道全素主義者和伏特加愛好者有關係。這純屬玩笑，只是我把伏特加加進這款素食巧克力杯子蛋糕之後，滋味美妙得不得了。

杯子蛋糕通常會抹上奶油起司，但我這裡不用。取而代之的是以酪梨為主原料，再加上伏特加和香草精做成健康抹醬。這款杯子蛋糕可以說是萬人迷，不但能取悅那些愛伏特加又吃素的朋友，就連那些杯子蛋糕控也難以抗拒。

12 個
杯子蛋糕
中筋麵粉 200g
椰棗糖 150g
可可粉 20g
蘇打粉 5ml ／ 1t
海鹽 1.5ml ／ 1/4 t
橄欖油 75ml ／ 5T
蘋果醋 15ml ／ 1T
香草精 5ml ／ 1t

水　250ml
伏特加 50ml
抹醬
成熟酪梨 115g 約 1 顆
檸檬汁 5ml ／ 1t
伏特加 5ml ／ 1t
香草精 2.5ml ／ 1/2 t
龍舌蘭糖粉 225g
甜菊粉 10ml ／ 2t

1. 烤箱預熱至 180℃ ／ 350 °F ／ Gas4，在 12 孔杯子蛋糕烤模內放進杯子蛋糕紙模。

2. 在大碗中篩入麵粉，再加入椰棗糖、可可粉、蘇打粉、和海鹽，混合均勻。

3. 在另一碗中加入橄欖油、蘋果醋、香草精、水、和伏特加，以電動攪拌棒拌勻，先低速再調至中速。

4. 將乾粉類倒入液體類，繼續繳打到混合均勻。

5. 用湯匙將麵糊舀進杯子蛋糕紙模內，裝到三分之二滿。再放進預熱好的烤箱烤約 10 分鐘，然後快速將烤模取出轉向再放進烤箱，讓所有杯子蛋糕烤色均勻。

6. 續烤 10 ～ 15 分鐘，用竹籤插入蛋糕中央，沒有沾粘即可出爐。出爐後，靜置鐵架上冷卻。

7. 蛋糕完全冷卻後，再準備做抹醬。將酪梨、檸檬汁、伏特加、和香草精放進碗中，用叉子壓成泥，再用電動攪拌棒中速攪打 3 分鐘，攪成淺綠色絲滑乳霜狀。

8. 取另一個碗，篩入龍舌蘭糖粉和甜菊粉。再將此混合糖粉一點一點加入酪梨抹醬中，每加一點都要攪拌均勻。最後用擠花袋或刮刀，塗抹到杯子蛋糕上。完成後即可享用。

柳橙蔓越莓杯子蛋糕

冬季，是很容易取得新鮮蔓越莓的時節。蔓越莓含豐富的抗氧化成份，抗癌的植物營養素和巴西莓幾乎一樣高。這樣美味又好處多多的超級水果，如果只用來做果醬，實在太可惜了。這款杯子蛋糕冬天烤來出吃最好了，柳橙的香氣搭配蔓越莓的酸甜，讓所有的感官都暖了起來。作法簡單快速上手，在聖誕節期可以迅速烤上一盤，招待臨時來串門子的客人。

18 個

無鹽奶油（室溫）225g	楓糖漿　120ml
椰糖　65g	奶油起司　400g
柳橙皮屑　2 顆	蛋　2 顆
柳橙果汁　1 顆	中筋麵粉　350g
海鹽　5ml ／ 1t	泡打粉　20ml ／ 4t
橄欖油　50ml	蔓越莓（切塊）350g

1. 烤箱預熱至 180℃ ／ 350 ℉ ／ Gas4。在兩盤杯子蛋糕烤模內放進杯子蛋糕紙模。

2. 將奶油及椰糖放進大碗內，用電動攪拌棒中速攪打成乳霜狀。

3. 繼續加入柳橙皮屑、鹽、橄欖油、楓糖漿、和奶油起司，用電動攪拌棒攪打至少 2 分鐘，拌勻後再打入蛋，繼續低速攪打拌勻。

4. 加入柳橙汁拌勻，再拌入麵粉和泡打粉，最後快速拌入蔓越莓。

5. 用湯匙將麵糊舀入杯子蛋糕紙模內，裝到大約四分之三滿的程度，烤約 15 ～ 20 分鐘，烤到表面金黃、輕壓後會回彈即可出爐。

杯子蛋糕、方塊蛋糕及司康

新鮮蔓越莓是
營養價值極高的莓果，
富含抗氧化成份，
抗癌的植物營養素和
巴西莓幾乎一樣高。

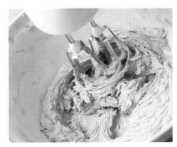

這可能是本書最經典的甜點了，牛奶和蜂蜜完美組合，讓瑪德琳禁得起長時間的考驗。在這份食譜裡，我用橄欖油做出濃稠麵糊，來呈現這道西班牙風的瑪德琳。

這款瑪德琳用的是米粉，那是一種用於西班牙烘焙的傳統米粉，剛好無麩質。如果你喜歡用麵粉的話，可以直接用等量的麵粉取代米粉、燕麥粉、馬鈴薯粉，做出來的效果一樣好。當日現烤現吃，風味絕佳。

12 個

橄欖油 50ml

牛奶　50ml

蜂蜜（溫熱）50ml

椰糖　30g

香草精 2.5ml ／ ½ t

蛋　1 顆

烘焙米粉 75g

燕麥粉 25g

馬鈴薯粉 25g

杏仁粉 25g

泡打粉 10ml ／ 2t

海鹽　1.5ml ／ ¼ t

1. 烤箱預熱至 180℃ ／ 350 ℉ ／ Gas4，在 12 孔的杯子蛋糕烤模內放進杯子蛋糕紙模。

2. 把橄欖油、牛奶、蜂蜜、椰糖、醋、和蛋放進大碗中，先用叉子攪打混合，再用電動攪拌棒中速攪打 3 分鐘。

3. 把乾粉類篩入另一碗中。

4. 慢慢把乾粉類倒入濕料中，繼續低速攪打 3 分鐘。

5. 用湯匙將麵糊舀入杯子蛋糕紙模內，裝到約四分之三滿。移入預熱之烤箱中烤約 18 ～ 20 分鐘，用竹籤插入蛋糕中央，沒有沾粘即可出爐。出爐後，靜置鐵架上冷卻即可食用。

料理小祕訣：

你也可以用半個檸檬皮屑、或四分之一個柳橙皮屑來取代香草精。如果你喜歡花香，也可以再加上一小匙玫瑰水或橙花水，或者乾脆把香草精換成玫瑰水或橙花水。

這款瑪德琳用的是米粉，

那是一種用於西班牙烘焙的傳統米粉，

剛好無麩質。當日現烤現吃，風味絕佳。

牛奶蜂蜜瑪德琳

蘋果方塊蛋糕

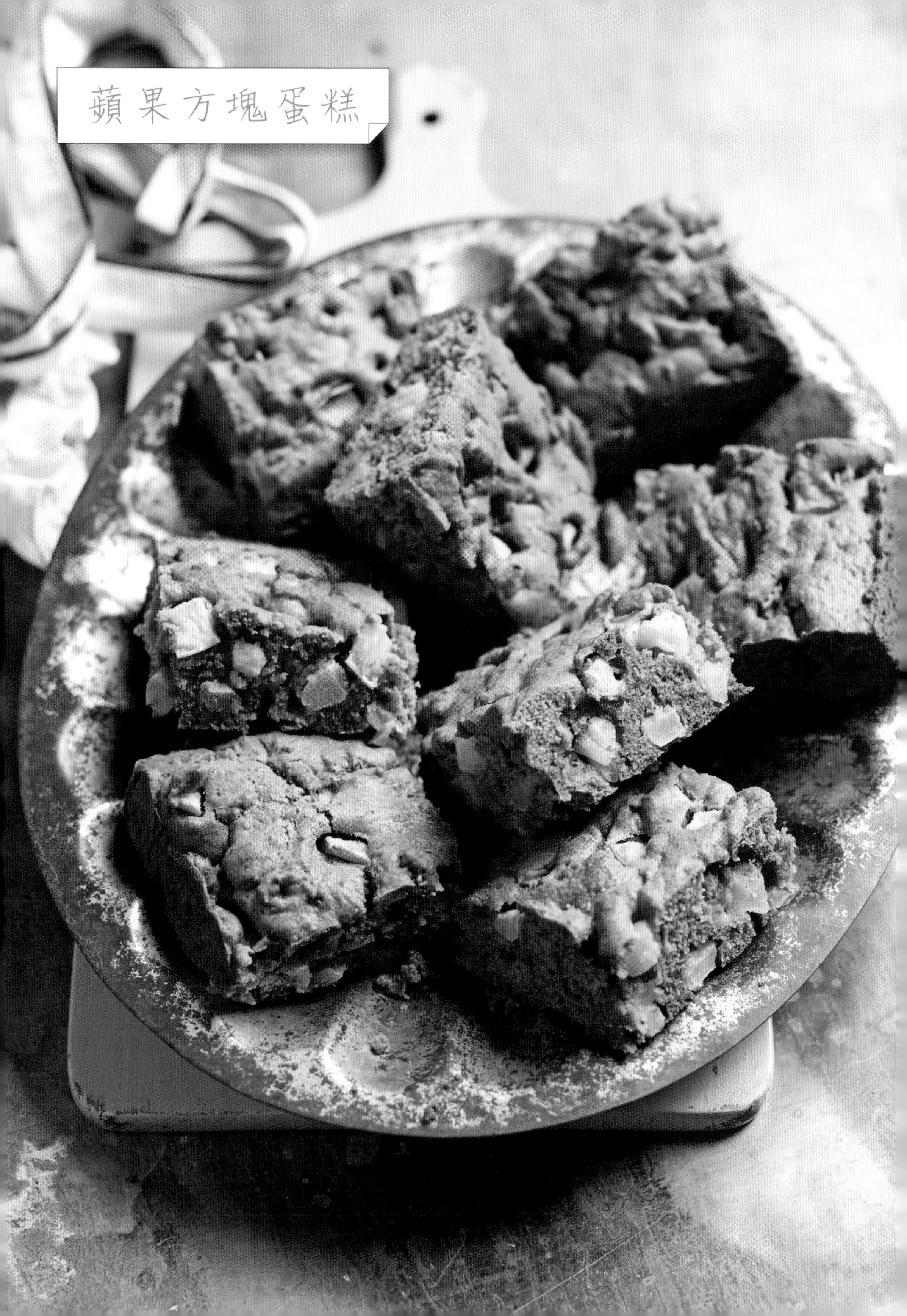

　　這款海綿蛋糕富含滿滿蘋果丁，是充滿鄉村風的秋日點心。我發現紐約秋收的蘋果滋味最棒，可能是因為盛夏和寒冬交接所造成的。這款點心配茶喝最好，而且隔天吃更好吃。

　　剛開始做的時候，可能會感覺蘋果太多了。不過煮過的蘋果丁會縮小，等到蛋糕烤好後，份量就剛剛好。或許你有時候買到的蘋果很酸、有時候買到的卻很甜，因此請根據實際狀況及個人喜好調整椰糖的份量。

9 塊

全麥麵粉或斯佩耳特麵粉 50g	無鹽奶油（切丁）　115g
中筋麵粉　150g	無鹽奶油（抹烤模用）適量
肉桂粉　2.5ml ／ ½ t	椰糖　30 ～ 65g
蘇打粉　5ml ／ 1t	蛋（打散）　2 顆
海鹽　1.5ml ／ ¼ t	中型蘋果（去皮、切丁）2 顆

1. 烤箱預熱至 180℃ ／ 350 ℉ ／ Gas4，在 20cm×20cm ／ 8in×8in 的方型蛋糕烤模內側抹上一層油，或者鋪上烘焙紙。

2. 大碗中篩入麵粉、肉桂粉、蘇打粉、和鹽，把濾網上過濾出來的糠皮倒掉。

3. 將奶油放入鍋中低溫融化成液體狀後，立即關火。再把奶油倒入碗中，加入椰糖攪拌，靜置一旁。

4. 將奶油混合液加入粉類碗中，用木匙攪拌均勻。再加入蛋液攪拌，最後快速拌入蘋果丁。

5. 用湯匙將麵糊舀入蛋糕模內，表面略為抹平，烤約 25 ～ 30 分鐘，烤到表面金黃、輕壓後會回彈即可出爐。

6. 出爐後，拉住烘焙紙將蛋糕取出，切成九塊即可享用。

料理小秘訣：

　　你也可以試試：在夏天用新鮮莓果取代蘋果，春天則用大黃。如果用大黃的話，取兩根大黃的梗，切成小塊，放入小鍋中，加入 60ml/4T 蜂蜜和一小匙水，加蓋悶煮約 10 分鐘。再以此糖漬大黃取代蘋果，於最後步驟加入麵糊中，並用現磨荳蔻粉代替肉桂粉。

剛開始做的時候，可能會感覺蘋果太多了。

不過等到蛋糕烤好後，份量就剛剛好。

我寫的每一份食譜、做的每一道甜點，所使用的都是高品質的海鹽。所謂的高品質，指的是天然鹽。不是猶太鹽，也不是餐桌鹽，而是未經精煉、純天然、最好是有機認證的海鹽。雖然這本書的重點在於建議大家儘量避免食用精製糖，但其實精煉鹽也一樣可怕。

相較於糖，要避開精煉鹽，做起來可能會容易些。只要鹽用少一點，並且使用高品質天然鹽就可以了。在這份食譜裡，我建議用片狀結晶的海鹽，只要是未精練的海鹽都能為點心添加一份令人難以抗拒的獨特風味。我愛用喜馬拉雅山的粉紅天然海鹽、法國天然海鹽、和英國馬爾頓（Maldon）天然海鹽。尤其是英國馬爾頓天然海鹽，如果你的廚房裡沒有一盒的話，就太可惜了。

16 個

椰子油　175g	香草精　7.5ml ／ 1 ½ t
椰子油（抹烤模用）適量	蛋（打散）　3 顆
可可膏或可可粉 25g	斯佩耳特麵粉 75g
牧豆粉　45ml ／ 3T	杏仁粉　25g
椰糖　275g	海鹽　2.5ml ／ ½ t

1. 烤箱預熱至 180℃ ／ 350 °F ／ Gas4，在 20cm×20cm ／ 8in×8in 的方型蛋糕烤模內側抹上一層油，或者鋪上烘焙紙。

2. 椰子油放入鍋中以小火融化，加入可可粉和牧豆粉攪拌均勻後即關火。

3. 加入椰糖、香草精和蛋，用攪拌棒混合均勻，再拌入麵粉和肉桂粉攪拌成麵糊。

4. 麵糊倒入蛋糕烤模中，撒上海鹽，用叉子在麵糊表面輕輕劃過。

5. 烤約 35 分鐘，烤到外表定型內部鬆軟，用竹籤插入蛋糕中央，沒有沾粘即可出爐。出爐後，靜置鐵架上冷卻 1 小時。

6. 將布朗尼放進冰箱冷藏 1 小時之後，再拿出來切成方塊，靜置回溫即可享用。

海鹽巧克力布朗尼

南瓜藍莓馬芬

　　這道甜點是我為一群抗癌成功的婦女在一次特別的聚會中準備的。為這樣的生命鬥士準備的點心一定得無糖,他們對吃的東西很小心,但也同樣希望能享受人生。結果,這些小馬芬大受歡迎,因為裡面的成分很健康,而且滋味和口感完全不輸給含糖的點心。

　　我使用冷凍乾燥藍莓,是因為冷凍乾燥的營養成份與新鮮藍莓相近。雖然質感像爆米花乾乾輕輕的,但在馬芬裡頭烤過後就會變得非常多汁。我同時也加進了新鮮藍莓,但新鮮藍莓烤過之後會比較軟爛。兩種不同藍莓的口感不同,各有各的趣味。

16 個

藜麥　175g	南瓜籽油　45ml ／ 3T
南瓜籽　185g	蛋　2 顆
海鹽　2.5ml ／ ½ t	蜂蜜　175g
肉桂粉　5ml ／ 1t	藍莓(若非當季可用冷凍藍莓)150g
蘇打粉　10ml ／ 2t	無糖冷凍乾燥藍莓　50g
冷水　120ml	

1. 烤箱預熱至 190℃ ／ 375 ℉ ／ Gas5。在馬芬烤模內放進杯子蛋糕紙模。

2. 把藜麥放進食物處理器中攪打 5 分鐘打成粉狀,再倒入大碗中。

3. 將 130g 的南瓜籽放進食物處理器中攪打 1 分鐘,然後倒入 2,再加入鹽、肉桂粉、蘇打粉,攪拌均勻。

4. 把 25g 的南瓜籽、水、油放進果汁機中攪打在一起,倒入另一碗中,再加進蛋、蜂蜜,用叉子攪拌在一起。

5. 再拌入新鮮藍莓、冷凍乾燥藍莓、30g 南瓜籽,用矽膠匙拌勻。

6. 把濕料加入乾粉類快速拌勻,如果有結塊沒關係,重點是要快,不要過度攪拌。

7. 把麵糊倒入馬芬烤模內烤約 18 ~ 25 分鐘,烤到表面金黃,用竹籤插入蛋糕中央,沒有沾粘即可出爐。

料理小秘訣:

　　如果你不想那麼甜,也可以用大麥麥芽糖取代蜂蜜。

藍莓,

富含植物營養素,

能夠幫助身體對抗

癌症的侵襲。

這是介於餅乾和蛋糕之間的小點心，單吃、或裹上一層無糖巧克力再吃都可以。也可以和其他東西組合成更複雜的甜點：比如弄碎後加入查佛蛋糕（trifle）裡，或是浸泡咖啡當成提拉米蘇的基底。這裡我加了松子，提高油潤度並增添香氣，如果你想用椰絲或椰子粉取代也無不可。

這款起源於十五世紀末的簡單小點心，是當時義大利薩伏依公國招待法國國王來訪時的甜點，又被稱為海綿手指（sponge fingers）、貓舌頭餅乾（cat' s tongue）、或者是淑女手指餅乾（boudoir biscuits）。

24 個

蔬菜油　15ml ／ 1T	中筋麵粉 40g
蛋　2 顆	泡打粉　1.5ml ／ ¼ t
楓糖　40g	松子粉　15ml ／ 1T

1. 烤箱預熱至 200℃ ／ 400 ℉ ／ Gas6。在大烤盤上抹油或鋪上烘焙紙。

2. 用電動攪拌棒打蛋白，打到拿起攪拌棒蛋白霜尾端呈柔軟彎曲狀，再加入一大匙楓糖，然後續打到尾端呈挺立狀。

3. 取另一碗，將剩下的楓糖倒入，加進蛋黃攪打 4 ～ 5 分鐘，打到變成淡黃色蛋糊。

4. 將一半的蛋白霜拌入 3 中。

5. 把麵粉和泡打粉篩入碗中，再加入松子。

6. 用矽膠拌匙把乾粉料拌入蛋糊中，再把剩下的另一半蛋白霜拌入，然後將拌好的麵糊裝入擠花袋或塑膠袋中。

7. 將麵糊擠在烤盤上，擠成 7.5cm 的手指狀，烤約 8 分鐘，烤到略為膨脹、表面呈金黃色即可出爐。出爐後靜置鐵架上冷卻，然後保存於密封容器中，隨時都可享用。

手指蛋糕

椰子藍莓方塊蛋糕

這些帶著天然甜味的小蛋糕很美味，非常適合早茶或下午茶享用。如果可能的話，儘量用條狀的椰仁片取代椰絲。椰仁片的體積大，用量可以減半。要是椰子粉難以取得的話，你也可以用等量的燕麥粉代替椰子粉。

9 個

椰子粉　250g	冰椰子油（切丁）200g
泡打粉　20ml ／ 4t	椰子油　15ml ／ 1T
椰糖　250g	蛋（打散）2 顆
椰絲　75g（或椰仁片　50g）	新鮮藍莓 200g

1. 烤箱預熱至 180℃ ／ 350 ℉ ／ Gas4，在 20cm×20cm ／ 8in×8in 的方型蛋糕烤模內側抹上一層油，或者鋪上烘焙紙。

2. 把椰子粉、泡打粉、椰糖、和椰絲放在大碗中拌勻，再加入椰子油，用手指搓揉成粉粒狀。

3. 將混合之椰子粉粒保留 250ml，靜置一旁備用，其餘的加入蛋液攪拌成糊糰。

4. 將糊糰倒入烤模中，用手指壓平。再將藍莓平均鋪在表面，然後把之前保留的椰子粉粒倒在最上層，讓一些藍莓露出來。最後輕壓表面，讓粉粒和藍莓更緊實靠在一起。

5. 烤約 1 小時至 1 小時 20 分鐘，烤到表面金黃，用竹籤插入蛋糕中央，沒有沾粘即可出爐。出爐後，靜置烤模內冷卻，冷卻後切成方塊即可享用。

喜歡岩石蛋糕嗎？你會愛上這些小蛋糕的！這些小蛋糕有傳統英國茶點的味道，還是無糖、低麩質。而且使用蕎麥粉可使質地更鬆軟。沒錯！看起來像岩石，吃起來卻很鬆軟才是道地的岩石蛋糕。

這份食譜很適合用杏桃乾，不過也可以使用其他無糖的水果乾。如果你用梅子乾或乾蘋果圈的話，要先把果乾切塊；如果你用草莓乾、櫻桃乾、或是藍莓乾，直接使用即可。記得先閱讀包裝說明，確定是無糖的，避免買到糖漬果乾。

10 ～ 12 個

杏桃乾（切碎）100g	香草莢粉　10ml／2t（可省略）
水　30ml／2T	肉桂粉　2.5ml／$\frac{1}{2}$ t
斯佩耳特麵粉 100g	海鹽　1.5ml／$\frac{1}{4}$ t
蕎麥粉　100g	無鹽奶油（室溫）115g
赤蘚糖醇　50g	蛋（打散）　1 顆
泡打粉　10ml／2t	杏仁奶　5 ～ 10ml／1 ～ 2t

1. 烤箱預熱至 190℃／375 °F／Gas5。在大烤盤上抹油或鋪上烘焙紙。

2. 把杏桃乾倒入碗中，淋上水，用手指抓一抓，讓所有果乾都沾到水，再靜置一旁備用。

3. 把麵粉、赤蘚糖醇、泡打粉、香草莢粉、肉桂粉、和鹽加入大碗中混合。

4. 再加入奶油，用指頭搓揉混合成粉粒狀。

5. 接著加入杏桃乾和蛋液快速攪拌，試著攪拌成糰，如果太乾的話，可以視情況一點一點拌入杏仁奶。

6. 再分成大小差不多、表面不平整的小麵糰放在烤盤上，烤約 18 ～ 20 分鐘，烤到餅乾成型，表面金黃即可出爐。靜置鐵架上冷卻，冷卻後即可享用。

料理小秘訣：

　　赤蘚糖醇可以用等量的甜菊粉或羅漢果粉代替，或者也可以用 65g 的楓糖或椰糖取代。如果想要蛋糕裡面更濕潤，杏仁奶的份量可調整至 30ml／2T。

　　　　岩石蛋糕要看起來像岩石，吃起來卻不能像石頭一樣硬。

無糖甜點烘焙寶典

杏桃岩石蛋糕

桑葚司康

司康裡不用加糖，這還真是新聞。事實上，只要加了水果乾和香草精，就真的不用再添加任何甜味劑了。這份食譜可以成為你探索無糖烘焙旅程的起點，作法簡單容易上手。你會發現下午茶還真少不了這樣的點心！你可以一出爐就塗上奶油趁熱吃，也可以放涼之後抹上鮮奶油佐醃漬水果，再配上一杯熱茶。

如果你找不到桑葚乾，也可以用無糖的櫻桃乾、椰棗乾或梅子乾取代；你也可以用大麥麵粉代替斯佩耳特麵粉，一樣好吃，不過大麥麵粉並不容易取得。

8 個

桑葚乾　175g

熱茶　120ml

斯佩耳特麵粉　150g

斯佩耳特麵粉（撒粉用）適量

全麥麵粉　150g

全麥麵粉（撒粉用）適量

泡打粉　10ml ／ 2t

海鹽　2.5ml ／ ½ t

冰無鹽奶油（切丁）175g

無鹽奶油（抹烤模用）適量

蛋　1 顆

香草精　10ml ／ 2t

牛奶、杏仁奶、或白脫奶 50ml

1. 把水果乾放入碗中，倒入熱茶，靜置一旁浸泡。

2. 烤箱預熱至 220℃ ／ 425 ℉ ／ Gas7，在大烤盤內抹上奶油。

3. 把麵粉、泡打粉、和鹽篩入大碗裡，倒入奶油丁，用手指搓揉成均勻粉粒狀。

4. 瀝掉浸泡水果乾的液體，將水果乾加入 3 的碗中，用手指拌勻。

5. 將蛋、香草精、和牛奶放入小碗中，用叉子攪拌均勻。再把蛋液一點一點加入乾粉類中，混和成為濕黏的麵糰，但還是能用手塑形為止。把剩餘的蛋液靜置一旁備用。

6. 將麵糰置於撒了麵粉的平台上，用手塑成厚度 2.5cm、寬度 6cm 的長方形麵糰。

7. 如果要做傳統的英式司康，用圓形的餅乾切割模型在麵糰上壓出八個司康。如果想做成美式的三角形司康，先沿著對角線切成兩大塊，再沿著另一條對角線切成四塊，接者再對切成八塊三角形。然後快速地將每一塊司康翻面，沾一沾平台上的麵粉。

8. 將司康平均放置於烤盤上，每塊之間的間隔距離約 2.5cm，以防烤後膨脹沾黏。快速地將剩下的蛋液刷於司康表面。

9. 烤約 14 ～ 20 分鐘，烤到膨脹、表面呈金黃色即可出爐。出爐後可趁熱吃，或依個人喜好，冷卻後再享用。

　　說來奇怪，大家都以為燕麥棒（flapjack）是健康食品，事實上那裡面含有許多奶油、糖漿、糖蜜、或是精製糖。燕麥脆穀片（granola）也是同樣的情形。這裡的燕麥酥結合了這兩種點心的特點，但卻更健康。主要甜味來自大麥麥芽糖和黑醋栗。黑醋栗除了會慢慢釋放出甜份外，還富含全食物營養、抗氧化成份、和膳食纖維。這樣無糖、無麩質、蛋奶素的燕麥酥，才符合印象中的健康概念，適合放進午餐餐盒裡。

18 個

亞麻仁粉 2.5ml ／ ½ t

水　　75ml

葵花油　　120ml

葵花油（抹烤模用）適量

大麥麥芽糖漿 75ml

燕麥片　　125g

碎核桃　　50g

南瓜籽　　25g

黑醋栗　　50g

泡打粉　　2.5ml ／ ½ t

鹽　　1.5ml ／ ¼ t

肉桂粉　　2.5ml ／ ½ t

荳蔻粉　　1 ml ／ ⅕ t

香草精　　5ml ／ 1t

無糖甜點烘焙寶典

1. 烤箱預熱至 180℃ ／ 350℉ ／ Gas4，在 20cm×20cm ／ 8in×8in 的方型蛋糕烤模內側抹上一層油，或者鋪上烘焙紙。

2. 在大碗中放進亞麻仁粉和水，混合後靜置一旁浸泡。

3. 將一半的燕麥片放進食物處理器中攪打成粉狀，倒進大碗中，再加入剩下的另一半燕麥及其他乾粉類拌勻。

4. 將油和糖漿放進平底鍋內，以文火加熱混合。用湯匙攪拌，小心不要冒泡泡，也不要燒焦了。

5. 把油和糖漿慢慢加倒入亞麻仁的碗中，再加入香草精混合。

6. 把乾粉類倒入濕料中，用木匙快速攪拌混合。

7. 最後將混合料倒入烤模中，把表面壓平。

8. 放進預熱的烤箱烤約 25 ～ 30 分鐘，烤到香味四溢即可出爐。靜置烤模內冷卻，冷卻後拉起烘焙紙取出，切成塊狀即可享用。

這樣無糖、無麩質、
蛋奶素的燕麥酥，
才符合健康概念，
適合放進午餐餐盒裡。

餅乾及糖果

蜂蜜奶油酥餅、巧克力櫻桃餅乾、

素食生巧克力、杏桃杏仁糖⋯⋯

這裡的餅乾、糖果讓客人吃了無負擔，

也不會造成血糖飆升與驟降。

這些甜品有股神奇魔力，不但能為平凡的日子帶來樂趣，

而且吃了沒有罪惡感！

如果你來我家串門子，
相信你會對
那個裝滿巧克力的
藍綠色鐵盒印象深刻。
那些巧克力
吃起來很夢幻又無糖，
而且不含乳製品，
有的只是純粹的美味。

我的無糖烘焙理念是運用未過度加工或精化的食材取代精製糖，不但更健康而且更美味。這份食譜的天然甜味是來自乾椰棗，椰棗搭配核桃風味獨特，是中東和非洲美食歷久不衰的好搭檔。乾椰棗粉在優質的健康食品專賣店裡買得到，有時候以「椰糖」的商品名稱販售。你也可以把乾椰棗放進食物處理器中打碎，這時候就要選擇乾一點的椰棗。如果你找得到 Thoory 椰棗的話，用這個品種效果最好。

24 個

無鹽奶油（軟化）　115g
無鹽奶油（抹烤盤用）適量
乾椰棗粉　60g
海鹽　1.5ml ／ ¼ t

肉桂粉　2.5ml ／ ½ t
碎核桃　50g
蕎麥麵粉　50g
斯佩耳特麵粉　50g

1. 將奶油、椰棗、鹽、和肉桂放進碗中，用湯匙底部輾壓攪拌均勻，再拌入碎核桃。

2. 將所有粉類篩入另一碗中，再倒入 1，混合成糰。

3. 把所有材料揉捏成糰後，滾成直徑 5cm 的圓柱體，用保鮮膜包覆，冷藏 4 小時至隔夜。

4. 烤箱預熱至 160℃ ／ 325 ℉ ／ Gas3，在烤盤內抹上奶油。

5. 將冷藏備用的麵糰取出，切成 5mm 厚的餅乾，平均放入烤盤中，每塊餅乾之間的相隔約 5cm。

6. 烤約 16 ～ 20 分鐘，餅乾的表面呈金黃色即可出爐。出爐後，溫熱的餅乾會有些軟軟的，此時要立刻用金屬刮刀將餅乾一一從烤盤上移至鐵架冷卻。

7. 冷卻後的餅乾會變得酥酥脆脆的，可以在密封容器內保存兩個星期。

料理小秘訣：

　蕎麥麵粉會讓做出來的餅乾比較酥脆，而低麩質的斯佩耳特麵粉則會讓餅乾不會那麼容易碎掉。你也可以依個人的喜好，用等量的全麥麵粉取代斯佩耳特麵粉。

我的無糖烘焙理念是運用未過度加工或精化的食材取代精製糖，
不但更健康而且更美味。

拇指印小圓餅

這款全素、無麩質、無乳製品的甜點，濕潤黏稠，吃過的人都不覺得裡頭少了什麼！菊薯糖漿為這些餅乾帶來濃濃的焦糖香氣，甚至比加了香草精的感覺更勝一籌。你可以盡情發揮想像，在拇指印中填入任何好東西，像是無糖果醬、果泥、或一點生蜂蜜、或是甜菊糖漿。

你可以跟著這份食譜從頭開始製作，當然如果你有自製堅果奶的習慣的話，也可以把堅果渣留下來用。如果你是從頭做起的話，記得要提前一天開始準備，因為堅果需要浸泡隔夜。

20 個

腰果　175g	香草精　15ml ／ 1T
杏仁　50g	肉桂粉　15ml ／ 1T
黃金葡萄乾　150g	海鹽　2.5ml ／ 1/2 t
巴西豆　115g	燕麥粉　30ml ／ 2T（撒粉用）
菊薯糖漿　175ml	檸檬皮屑、檸檬汁　1/2 顆

1. 在製作餅乾的前一天，把腰果和杏仁放入碗中泡水，水要蓋過堅果。黃金葡萄乾放入另一碗中，也要泡水，水也同樣要蓋過果乾。再將這兩個碗都放進冰箱冷藏隔夜。第二天，將浸泡堅果的水瀝乾。

2. 將巴西豆放進食物攪拌器中攪打成粉狀，再加入瀝乾的腰果、杏仁一起繼續攪打。

3. 再加入 120ml ／ 8T 的菊薯糖漿和香草精、肉桂粉、和鹽，繼續攪打成糰。

4. 將燕麥粉撒在平台上，把攪打成糰的 3 揉捏成 20 個小球，壓成厚度約 4cm 的小圓餅，再用拇指在小圓餅中間按壓出拇指印。

5. **製作餡料：** 將檸檬皮屑和檸檬汁倒入果汁機中，再將黃金葡萄乾連同浸泡的水、以及剩餘的菊薯糖漿一起加入，攪打約 30 秒鐘，打成糊狀。

6. 將黃金葡萄乾糊用小湯匙舀入每個拇指印小圓餅中，冷藏 1 小時至隔夜後即可食用。完成之小圓餅可冷藏保存 4 天。

料理小秘訣：

　　自製堅果奶：堅果浸泡於四倍的水量中，隔夜再攪打成汁，然後以紗布過濾即為堅果奶，過濾後剩下的堅果泥渣即可用來製作這份拇指印餅乾。

菊薯糖漿
為這些餅乾帶來了
濃濃的焦糖香氣。

這款全素、無糖、無麩質的佛羅倫汀杏仁餅,薄脆爽口,帶著誘人的金黃色澤。用的是自己攪碎的杏仁,還保留棕色堅果外皮,這是一般市售碎杏仁所沒有的,不但有更多的纖維,也因為吸水性較低使得烤出來的餅乾更酥脆。

如果你跳過第一個步驟,直接使用市售杏仁粉,當然也可以做出可口的餅乾,只不過那已經是另一種餅乾了。那種餅乾會比較小,口感更接近奶油酥餅。不管你用的是哪一種,都可以做出美味點心。

12 個

生杏仁	200g	椰子油	30ml／2T
海鹽	0.6ml／$^1/_8$ t	楓糖漿	50ml
蘇打粉	1.5ml／$^1/_4$ t	杏仁香精	1.5ml／$^1/_4$ t

1. 烤箱預熱至 160℃／325 ℉／Gas3,烤盤內抹上一層油,再鋪上烘焙紙。

2. 將杏仁放進食物處理器中攪打約 30 秒,打成細碎粒狀。

3. 將 2 倒入大碗中,加入鹽和蘇打粉,用叉子拌勻。

4. 小鍋內低溫將椰子油融化為液體。再將椰子油、楓糖漿、杏仁香精倒入乾料中攪拌均勻。

5. 將 4 用湯匙一一舀入烤盤中,每一湯匙為一個餅乾的量,再用湯匙背壓扁成餅乾形狀。

6. 烤約 15 ～ 16 分鐘,等餅乾的表面呈金黃色即可出爐。出爐後,將餅乾留置烤盤內稍微冷卻變硬,再將餅乾從烤盤移至鐵架。靜待完全冷卻後,即可享用。

變化版

你也可以用 175g 用市售的杏仁粉取代自製的碎杏仁。記得要在每塊餅乾之間保留足夠的空間,因為烘烤過的餅乾是會延展開來的。

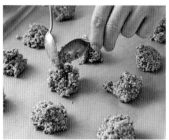
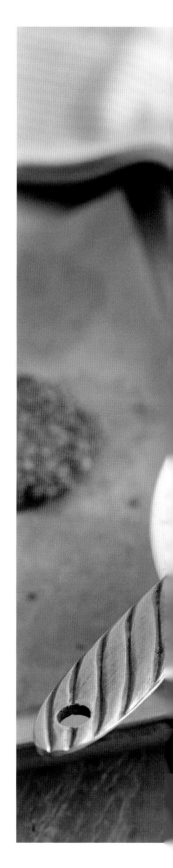

佛羅倫汀杏仁餅

蜂蜜薑餅人

　　這份薑餅人食譜起源於中世紀，製作時以蜂蜜代替糖更別具風味。這裡我採用榛果粉和斯佩耳特麵粉，希望儘可能重現往日的薑餅人滋味。如果你還想多來點什麼，可以加一兩小匙蘭姆酒。我在這裡並沒有加，一來考慮到小孩，二來蘭姆酒偏甜。不過，如果你想玩玩，那就加吧！

　　聖誕節期間，不妨烤一盒送給你珍愛的親朋好友，或者用緞帶把薑餅人掛在聖誕樹上！記得要提早做，因為薑餅人在烤過之後放 5 ～ 7 天最好吃。

20 個

榛果　115g	荳蔻粉　5ml ／ 1t
斯佩耳特麵粉　350g	丁香粉　5ml ／ 1t
可可粉　15ml ／ 1T	蜂蜜　250g
泡打粉　5ml ／ 1t	蛋　1 顆
薑粉　15ml ／ 1T	有機龍舌蘭糖漿 60ml ／ 4T
肉桂粉　10ml ／ 2t	杏仁（裝飾用）20 顆

1. 把榛果放進食物處理器中攪打成粉狀，再倒入大碗中。接著篩入大部分的麵粉，保留 60ml ／ 4T 的麵粉以備撒粉用。最後再篩入可可粉、泡打粉、和香料。

2. 將蜂蜜隔水加熱，再倒入小碗中，接著加入蛋液、龍舌蘭糖漿攪拌均勻。再將蜂蜜蛋液加入乾粉料中攪拌成麵糰。

3. 裁剪兩張烘焙紙，大小適用於 35cm×18cm ／ 14in×7in 的烤盤。一張平鋪於平台，撒上麵粉，再將麵團置於其上，用手指壓平整。

4. 再撒些粉在整平的麵糰上，鋪上另一張烘焙紙，用擀麵棍擀成厚度約 5mm 的麵皮。

5. 把整個烘焙紙小心拿起來，移置冰箱冷藏隔夜，或至少冷藏 1 小時以上。

6. 隔天，烤箱預熱至 180℃ ／ 350 ℉ ／ Gas4，同時放入一碗熱水，使烤箱中有水氣。將麵皮從冰箱中取出，把表面覆蓋的烘焙紙撕開。

7. 餅乾模型切面沾粉，在麵皮上切出薑餅人的形狀，可以再用刀子劃出自己喜歡的造型。如果要做成聖誕樹吊飾的話，就要在每個薑餅人的頭上戳個洞，這樣才有辦法綁上緞帶。

8. 烤盤上抹油，鋪上烘焙紙。把薑餅人擺上去，並在每個薑餅人胸前放上一顆杏仁。視個人喜好，可以把薑餅人的手背彎過來抱住杏仁。最後，放入烤箱烤約 10 ～ 12 分鐘，餅乾出爐後，拉起烘焙紙移至鐵架靜置冷卻。冷卻後，即可保存於密封容器中。

花生醬餅乾

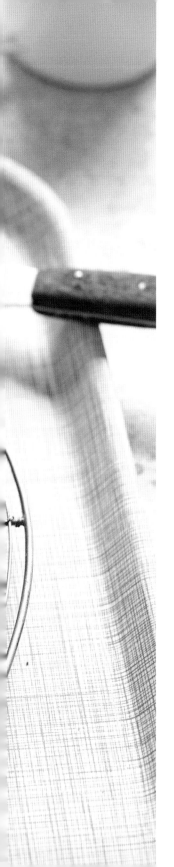

這款餅乾的作法快速又容易，不含麩質又美味，做過之後，你會不想再用其他的方式做花生醬餅乾。從混合食材到餅乾出爐，只要 15 分鐘！半夜肚子餓時、朋友突然來串門子、或是想要立刻變出東西給小朋友吃的時候，這份食譜是最佳選擇。

12 個
蛋（打散）　1 顆
無糖花生醬（柔滑或顆粒）250g
椰糖　100g
蘇打粉　5ml ／ 1t
海鹽　1.5ml ／ ¼ t（可省略）
肉桂粉　2.5ml ／ ½ t（可省略）
無糖黑巧克力豆　50g（可省略）

1. 烤箱預熱至 180℃ ／ 350 ℉ ／ Gas4，在烤盤上鋪上烘焙紙。

2. 將所有材料放進大碗中，用木匙攪拌成糰。

3. 快速將 2 揉捏成數個小球，壓成小圓餅，然後放上烤盤，每個餅乾的間隔距離約 5cm。烤約 10 ～ 12 分鐘，烤到餅乾膨起，表面呈金黃色即可出爐。

4. 餅乾在烤盤內靜置 5 分鐘，再移至鐵架上使其完全冷卻。餅乾剛出爐的時候還有點軟軟的，冷卻之後就會變得酥酥脆脆的。冷卻後，保存於密封容器中。

半夜肚子餓時、朋友突然來串門時、
或是想要立刻變出零嘴給小朋友吃的時候，
這份食譜是最佳選擇。

這些無糖、無麩質的誘人餅乾，就跟巧克力豆餅乾一樣，有著濃郁的巧克力味兒。滿滿的生可可粉加深了味覺深度，還搭配了櫻桃的甜味。當然，別忘了要用無糖的櫻桃乾，如果你買不到的話，也可以用其他的無糖水果乾取代，比如：切碎的無花果乾。

雖然這份食譜用的是無麩質的糙米粉、燕麥粉、馬鈴薯粉混合製作，你也可以依據個人喜好，用一般食譜裡常用的麵粉代替，用量是以上三種粉類的總和。不管哪種作法，做出來的餅乾都香脆好吃，很適合沾著熱茶享用。

36 個

牧豆粉	115g	泡打粉	2.5ml ／ ½ t
可可粉	80g	海鹽	2.5ml ／ ½ t
糙米粉	225g	無鹽奶油（軟化）	225g
燕麥粉	115g	椰糖	275g
馬鈴薯粉	165g	蛋（大型）	3 顆
塔塔粉	10ml ／ 2t	無糖櫻桃乾	50g

1. 烤箱預熱至 180℃ ／ 350 ℉ ／ Gas4。

2. 將牧豆粉、可可粉、糙米粉、燕麥粉、馬鈴薯粉、塔塔粉、泡打粉、鹽篩入大碗中。

3. 在另一碗中，用電動攪拌棒將奶油、椰糖高速攪打約 3 分鐘，打到奶油鬆發為止。

4. 再把蛋一一加入，用電動攪拌棒中速攪打，每個蛋完全混合融合後再加入下一個。然後再將乾粉料加入濕料中，用電動攪拌棒低速攪拌均勻。

5. 移開電動攪拌棒後，用湯匙將櫻桃乾拌入。

6. 將 5 揉成許多高爾夫球狀的小糰，壓扁後放上烤盤，每個餅乾的間隔距離約 2.5cm。烘烤約 15 分鐘即可出爐。出爐後，將餅乾從烤盤移至鐵架冷卻。冷卻後，保存於密封容器中。

巧克力櫻桃餅乾

蜂蜜奶油酥餅

　　有時候，無糖食譜的探索，在無意間，會為經典甜點開創新風貌。蘇格蘭奶油酥餅可以說是我非常喜愛的點心之一，能研發出這款無糖版酥餅實在讓我雀躍不已。我用燕麥粉搭配蘇格蘭當地的石楠花蜜，不但為餅乾帶來濃濃的奶油香氣，也顯示了餅乾的文化根源。

　　如果可能的話，儘量用石楠花蜜。不過，你當然也可以用在地可取得的任何花蜜來取代。蜂蜜細緻的味道會在這款餅乾當中凸顯出來，不至於被其他材料給搶了風頭。

16 塊

無鹽奶油（室溫）115g

石楠花蜜（溫）50ml

燕麥粉　50g

燕麥粉（撒粉用）適量

中筋麵粉　50g

蘇打粉　1.5ml ／ ¼ t

蘇格蘭海鹽 1ml ／ ⅕ t

1. 在 20cm×20cm ／ 8in×8in 的方型蛋糕烤模內鋪上烘焙紙。

2. 用湯匙把奶油和蜂蜜攪拌混合在一起，然後篩入麵粉、蘇打粉、和鹽，繼續攪拌成濕黏的麵糰。

3. 將麵糰倒入烤模中，用湯匙背部儘量將麵糰鋪平。

4. 在鋪平之麵糰表面撒上適量燕麥粉，然後用手指繼續按壓將麵糰平均鋪於烤盤上。

5. 在麵糰表面切割做記號，將麵糰長寬各劃分四等份，分成 16 個小方塊。然後冷藏隔夜，或靜置冰箱 6 小時以上。

6. 隔天，烤箱預熱至 180℃ ／ 350 ℉ ／ Gas4。

7. 烤約 12 分鐘，烤到表面金黃即可出爐。靜置烤盤中冷卻即可，冷卻後，沿著表面原有的線條再切割一次，切成 16 塊小酥餅，即可享用。

我用燕麥粉搭配
蘇格蘭當地的石楠花蜜，
不但為餅乾帶來
濃濃的奶油香氣，
也顯示了
餅乾的文化根源。

生椰子馬卡龍

這些小小的馬卡龍做起來很快,帶著孩子一起動手做,樂趣無窮!記得原料混合後,要趁軟搓揉成球狀,所以不要冷藏過久。

這份甜點使用了三種來自於椰子的食材:椰子油、椰絲、椰糖蜜。椰子油和橄欖油一樣,分不同等級,初榨冷壓椰子油的味道最濃醇。椰絲也有粗細不同之別,如果你買得到中等細絲(macaroon cut)的話最好,如果無法取得,用任何粗細的無糖椰絲都可以。

30 個

冷壓椰子油　115g
天然椰絲　275g

有機椰糖蜜　150ml
無糖巧克力(融化,裝飾用)適量

1. 將椰子油放入耐熱碗中,隔水加熱,攪拌融化為液體。再將碗的外面擦乾,靜置一旁備用。

2. 將其他材料加入椰子油中,攪拌均勻。

3. 把碗放進冰箱冷藏約 20 分鐘,每 5 分鐘拿出來攪拌一下。等到混合料稍微變硬並仍可以揉捏成糰為止。

4. 用手將混合料揉成 30 顆小圓球,也可以用小冰淇淋匙幫忙。將揉好的馬卡龍放在平盤上,淋上融化的巧克力,再冷藏半小時以上,即可享用。

素食生巧克力

這份食譜是由英國生機飲食專家兼我的好友 Kate Magic 所研發。製作這道甜點只需 10 分鐘，材料也只有四樣。老實說，這是書中唯一我天天吃的點心，也是最常被指名製作的甜點。

我之所以天天吃，一來是因為很好吃，二來是因為很健康。好的可可脂有助於保持身材；牧豆粉能穩定血糖；甜菊讓你降低對食物的渴望；龍舌蘭糖漿提供益菌生，有助腸道菌叢生長，而可可裡含有抗氧化成份，對於穩定情緒很有幫助。

1 盒

有機冷壓椰子　275g
有機牧豆粉　130g

生可可粉　50g
有機龍舌蘭糖漿 30 ～ 60ml ／ 2 ～ 4T

1. 在 20cm×20cm ／ 8in×8in 的方型蛋糕烤模內鋪上烘焙紙。

2. 把椰子油放入大碗中，將碗置於熱水中隔水加溫，用木匙攪拌使其融化為液體。再將碗的外面擦乾，靜置一旁備用。

3. 篩入牧豆粉、可可粉，倒入龍舌蘭糖漿。

4. 用木匙均勻攪拌到沒有結塊為止。

5. 將巧克力混和液倒入蛋糕烤模中，冷藏約 1 小時，再用鋒利的刀子將巧克力切小塊，然後再度冷藏於冰箱中。食用前 10 分鐘再取出，於室溫下回溫。

杏桃杏仁糖

這一個個小方塊是市售活力棒的健康版，一般市售活力棒裡通常藏著許多精製糖。這款健康版的活力方塊很適合帶在午餐餐袋裡，或在上瑜珈課或健身房前先來一塊，能讓你快速補充體力。

你可以依照個人喜好，決定食材處理的粗細程度，不管是柔滑順口或是保留顆粒，都一樣營養美味。你也可以玩玩口味上的變化，加一點豆蔻粉或香草莢粉都不錯。

16 個

生杏仁　115g
杏桃乾　65g

去核椰棗　65g
肉桂粉　5ml／1t
杏仁香精（可省略）1.5ml／¼ t

無糖甜點烘焙寶典

1. 在 20cm×20cm／8in×8in 的方型蛋糕烤模內鋪上烘焙紙。

2. 將所有材料加入食物處理器中，攪打混合成糊狀。

3. 將混合之糊料倒入烤模中，鋪平壓緊。

4. 置於冰箱 1 小時以上，或冷藏隔夜。丟棄烘焙紙之後，將點心切成16 塊。

5. 將每個方塊小點心用糖果紙包起來，裝進密封容器中冷藏，以備裝進午餐餐袋中享用。

蜂蜜開心果

我喜歡用浸泡過的堅果做點心，因為不但可以透過不同的浸泡水增添風味，還能活化營養素。

這款口感獨特的點心，將浸了一夜的堅果烤脆，接著再浸漬於蜂蜜中。這樣以蜂蜜搭配堅果的組合常見於中東傳統美食，同時我還添加玫瑰水，更添中東風情。這份食譜是我自己研發，或許作法並不傳統，但絕對保留波斯灣沿岸到北非的色彩。

2 碗

去殼無鹽生開心果（浸泡水中隔夜）225g

蜂蜜　45ml ／ 3T

水　30ml ／ 2T

玫瑰水　15ml ／ 1T

麻油　15ml ／ 1T

小荳蔻粉　2.5ml ／ ½ t

肉桂粉　2.5ml ／ ½ t

1. 烤箱預熱至 180℃ ／ 350℉ ／ Gas4，將堅果平均鋪於烤盤上，烤 4 分鐘。再把烤盤從烤箱取出，用木匙翻動堅果，再放回烤箱。

2. 續烤 4 ～ 6 分鐘，聞到香味後即可出爐，再把烤盤內的堅果倒入大碗中。

3. 把其他所有材料放進鍋中，以中火煮滾，過程中需不時攪拌。煮滾後，將堅果倒入續煮，並持續攪拌到水份被堅果吸收為止。

4. 再次將堅果平均鋪於烤盤上，烤約 3 分多鐘，烤到堅果表面黏稠、水分收乾即可出爐。再將堅果平鋪於大張烘焙紙上，待冷卻後即可享用，或將堅果保存於密封容器中，隨時皆可享用。

營養成份表

P.38
完美蘋果奶酥

熱量	217 大卡
蛋白質	3 公克
碳水化合物	18.8 公克
糖	8.5 公克
脂肪	14.9 公克
飽和脂肪	9.7 公克
膽固醇	0 毫克
鈣質	20 毫克
纖維	2.7 公克
鈉	5 毫克

P.45
香煎香蕉

熱量	184 大卡
蛋白質	1.3 公克
碳水化合物	28.9 公克
糖	26.6 公克
脂肪	7.9 公克
飽和脂肪	6.6 公克
膽固醇	0 毫克
鈣質	37 毫克
纖維	1.5 公克
鈉	3 毫克

P.40
焦糖鳳梨蛋糕

熱量	399 大卡
蛋白質	7.3 公克
碳水化合物	56.2 公克
糖	35.5 公克
脂肪	23.9 公克
飽和脂肪	14.7 公克
膽固醇	157 毫克
鈣質	102 毫克
纖維	2.9 公克
鈉	274 毫克

P.46
油炸蘋果圈

熱量	414 大卡
蛋白質	4.3 公克
碳水化合物	47.7 公克
糖	16.3 公克
脂肪	19.3 公克
飽和脂肪	6.7 公克
膽固醇	116 毫克
鈣質	40 毫克
纖維	17.6 公克
鈉	59 毫克

P.42
地瓜餅

熱量	246 大卡
蛋白質	7.6 公克
碳水化合物	27.5 公克
糖	7.6 公克
脂肪	12.7 公克
飽和脂肪	1.8 公克
膽固醇	117 毫克
鈣質	76 毫克
纖維	4 公克
鈉	111 毫克

P.48
蛋奶素巧克力卡士達醬

熱量	276 大卡
蛋白質	0.4 公克
碳水化合物	26.3 公克
糖	1.1 公克
脂肪	19.5 公克
飽和脂肪	11.1 公克
膽固醇	1 毫克
鈣質	2 毫克
纖維	0.4 公克
鈉	50 毫克

P.44
墨西哥甜脆餅

熱量	307 大卡
蛋白質	7.1 公克
碳水化合物	28.7 公克
糖	11 公克
脂肪	18.1 公克
飽和脂肪	7.5 公克
膽固醇	0 毫克
鈣質	448 毫克
纖維	0.4 公克
鈉	7 毫克

P.54
白巧克力草莓百匯

熱量	517 大卡
蛋白質	6.8 公克
碳水化合物	47.7 公克
糖	21.3 公克
脂肪	34.7 公克
飽和脂肪	13.8 公克
膽固醇	1 毫克
鈣質	53 毫克
纖維	14.4 公克
鈉	40 毫克

熱量	160 大卡	
蛋白質	5.4 公克	
碳水化合物	13.7 公克	
糖	12.8 公克	
脂肪	8.9 公克	
飽和脂肪	1 公克	
膽固醇	0 毫克	
鈣質	147 毫克	
纖維	13.3 公克	
鈉	253 毫克	

P.56
蘋果奇亞籽布丁

熱量	78 大卡
蛋白質	1.7 公克
碳水化合物	13.9 公克
糖	7.5 公克
脂肪	2 公克
飽和脂肪	1.3 公克
膽固醇	5 毫克
鈣質	9 毫克
纖維	10.1 公克
鈉	33 毫克

P.64
西洋梨舒芙蕾

熱量	59 大卡
蛋白質	7.2 公克
碳水化合物	7.8 公克
糖	7.8 公克
脂肪	0.1 公克
飽和脂肪	0 公克
膽固醇	0 毫克
鈣質	34 毫克
纖維	0 公克
鈉	32 毫克

P.58
葡萄果凍

熱量	112 大卡
蛋白質	2.5 公克
碳水化合物	13.9 公克
糖	13.8 公克
脂肪	4.2 公克
飽和脂肪	1.2 公克
膽固醇	151 毫克
鈣質	23 毫克
纖維	1.3 公克
鈉	9 毫克

P.66
芒果沙巴翁

熱量	37 大卡
蛋白質	0.5 公克
碳水化合物	8.8 公克
糖	8.3 公克
脂肪	0.1 公克
飽和脂肪	0 公克
膽固醇	0 毫克
鈣質	19 毫克
纖維	1.5 公克
鈉	5 毫克

P.60
蛋奶素草莓果凍

熱量	222 大卡
蛋白質	4.6 公克
碳水化合物	4.3 公克
糖	1.9 公克
脂肪	20.9 公克
飽和脂肪	11.2 公克
膽固醇	0 毫克
鈣質	28 毫克
纖維	3.8 公克
鈉	103 毫克

P.68
巧克力咖啡慕斯

熱量	338 大卡
蛋白質	8.1 公克
碳水化合物	64.8 公克
糖	46.4 公克
脂肪	6.8 公克
飽和脂肪	3.7 公克
膽固醇	75 毫克
鈣質	186 毫克
纖維	3.2 公克
鈉	214 毫克

P.62
冰檸檬卡士達醬

熱量	440 大卡
蛋白質	5 公克
碳水化合物	11.3 公克
糖	2.3 公克
脂肪	41.9 公克
飽和脂肪	22.5 公克
膽固醇	86 毫克
鈣質	70 毫克
纖維	1.4 公克
鈉	95 毫克

P.74
巧克力杏仁冰淇淋

無糖甜點烘焙寶典

P.76
新鮮無花果冰淇淋

熱量	408 大卡
蛋白質	4.1 公克
碳水化合物	31.4 公克
糖	31.4 公克
脂肪	30.4 公克
飽和脂肪	17.5 公克
膽固醇	169 毫克
鈣質	163 毫克
纖維	5.1 公克
鈉	47 毫克

P.77
腰果杏仁冰淇淋

熱量	142 大卡
蛋白質	4.2 公克
碳水化合物	13.6 公克
糖	13.5 公克
脂肪	9 公克
飽和脂肪	1.8 公克
膽固醇	0 毫克
鈣質	7 毫克
纖維	2.1 公克
鈉	112 毫克

P.78
椰子莓果冰棒

熱量	11 大卡
蛋白質	0.8 公克
碳水化合物	1.9 公克
糖	3.4 公克
脂肪	0 公克
飽和脂肪	0 公克
膽固醇	0 毫克
鈣質	5 毫克
纖維	1.2 公克
鈉	65 毫克

P.80
苦橙冰棒

熱量	15 大卡
蛋白質	0.4 公克
碳水化合物	4.5 公克
糖	3.8 公克
脂肪	0 公克
飽和脂肪	0 公克
膽固醇	0 毫克
鈣質	15 毫克
纖維	0.7 公克
鈉	2 毫克

P.81
香蕉雪糕

熱量	49 大卡
蛋白質	1.6 公克
碳水化合物	7 公克
糖	2.6 公克
脂肪	2.4 公克
飽和脂肪	0.2 公克
膽固醇	0 毫克
鈣質	0 毫克
纖維	3.2 公克
鈉	19 毫克

P.82
石榴冰沙

熱量	149 大卡
蛋白質	3.3 公克
碳水化合物	35.2 公克
糖	35.2 公克
脂肪	0.5 公克
飽和脂肪	0 公克
膽固醇	0 毫克
鈣質	31 毫克
纖維	11.3 公克
鈉	6 毫克

P.88
巧克力酪梨塔

熱量	306 大卡
蛋白質	8.5 公克
碳水化合物	19.9 公克
糖	10.9 公克
脂肪	21.9 公克
飽和脂肪	5.6 公克
膽固醇	0 毫克
鈣質	38 毫克
纖維	6 公克
鈉	151 毫克

P.90
腰果萊姆派

熱量	279 大卡
蛋白質	7.1 公克
碳水化合物	12.8 公克
糖	8.9 公克
脂肪	22.5 公克
飽和脂肪	7.6 公克
膽固醇	0 毫克
鈣質	32 毫克
纖維	3.2 公克
鈉	9 毫克

P.92
椰子杏仁派

熱量	117 大卡
蛋白質	1.8 公克
碳水化合物	5.2 公克
糖	4.1 公克
脂肪	10 公克
飽和脂肪	6.2 公克
膽固醇	0 毫克
鈣質	22 毫克
纖維	1.7 公克
鈉	25 毫克

P.94
西洋梨羊乳起司蛋糕

熱量	308 大卡
蛋白質	6.9 公克
碳水化合物	15.9 公克
糖	15.3 公克
脂肪	24,5 公克
飽和脂肪	15 公克
膽固醇	110 毫克
鈣質	80 毫克
纖維	1.1 公克
鈉	293 毫克

	熱量	314 大卡
	蛋白質	12.9 公克
	碳水化合物	26.9 公克
	糖	26.9 公克
	脂肪	17.9 公克
	飽和脂肪	7.1 公克
	膽固醇	119 毫克
P.96	鈣質	263 毫克
藍莓起司蛋糕	纖維	4.5 公克
	鈉	156 毫克

	熱量	488 大卡
	蛋白質	7.4 公克
	碳水化合物	58.8 公克
	糖	23.3 公克
	脂肪	26.4 公克
	飽和脂肪	12.7 公克
	膽固醇	135 毫克
P.112	鈣質	142 毫克
南瓜派	纖維	4 公克
	鈉	179 毫克

	熱量	261 大卡
	蛋白質	3.9 公克
	碳水化合物	15.9 公克
	糖	15.8 公克
	脂肪	20.6 公克
	飽和脂肪	11.5 公克
	膽固醇	0 毫克
P.98	鈣質	24 毫克
桃子塔	纖維	3.8 公克
	鈉	6 毫克

	熱量	524 大卡
	蛋白質	6.8 公克
	碳水化合物	69.2 公克
	糖	28.2 公克
	脂肪	26.1 公克
	飽和脂肪	14.2 公克
	膽固醇	59 毫克
P.116	鈣質	75 毫克
櫻桃派	纖維	6.3 公克
	鈉	4 毫克

	熱量	171 大卡
	蛋白質	3.3 公克
	碳水化合物	15.1 公克
	糖	1.5 公克
	脂肪	10.8 公克
	飽和脂肪	3.8 公克
	膽固醇	14 毫克
P.100	鈣質	32 毫克
夏日貝克維爾塔	纖維	1.3 公克
	鈉	4 毫克

	熱量	320 大卡
	蛋白質	6.7 公克
	碳水化合物	22.5 公克
	糖	13.3 公克
	脂肪	25.6 公克
	飽和脂肪	13.9 公克
	膽固醇	58 毫克
P.124	鈣質	91 毫克
聖誕水果堅果蛋糕	纖維	3.6 公克
	鈉	473 毫克

	熱量	518 大卡
	蛋白質	5 公克
	碳水化合物	25.4 公克
	糖	11.8 公克
	脂肪	34.1 公克
	飽和脂肪	15.8 公克
	膽固醇	0 毫克
P.104	鈣質	30 毫克
密西西比軟泥派	纖維	5.8 公克
	鈉	88 毫克

	熱量	724 大卡
	蛋白質	10.6 公克
	碳水化合物	64 公克
	糖	30 公克
	脂肪	49.1 公克
	飽和脂肪	32.6 公克
	膽固醇	194 毫克
P.126	鈣質	107 毫克
維多利亞奢華海綿蛋糕	纖維	3 公克
	鈉	475 毫克

	熱量	639 大卡
	蛋白質	7 公克
	碳水化合物	63 公克
	糖	34.3 公克
	脂肪	41.3 公克
	飽和脂肪	24.7 公克
	膽固醇	156 毫克
P.108	鈣質	224 毫克
肉桂無花果塔	纖維	10.4 公克
	鈉	233 毫克

	熱量	327 大卡
	蛋白質	9 公克
	碳水化合物	27.5 公克
	糖	13.9 公克
	脂肪	20.7 公克
	飽和脂肪	8.5 公克
	膽固醇	88 毫克
P.130	鈣質	131 毫克
粉紅天鵝絨蛋糕	纖維	3.8 公克
	鈉	438 毫克

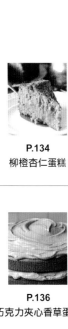

熱量	481 大卡
蛋白質	14.4 公克
碳水化合物	43.5 公克
糖	39.4 公克
脂肪	29 公克
飽和脂肪	3.1 公克
膽固醇	103 毫克
鈣質	149 毫克
纖維	0.8 公克
鈉	164 毫克

P.134 柳橙杏仁蛋糕

熱量	265 大卡
蛋白質	5.7 公克
碳水化合物	51.7 公克
糖	30.1 公克
脂肪	5.5 公克
飽和脂肪	1.5 公克
膽固醇	0 毫克
鈣質	47 毫克
纖維	3.5 公克
鈉	526 毫克

P.144 燕麥水果蛋糕

熱量	494 大卡
蛋白質	8.1 公克
碳水化合物	38.8 公克
糖	11.3 公克
脂肪	38.1 公克
飽和脂肪	18.7 公克
膽固醇	131 毫克
鈣質	137 毫克
纖維	7.9 公克
鈉	727 毫克

P.136 巧克力夾心香草蛋糕

熱量	254 大卡
蛋白質	5.8 公克
碳水化合物	23.4 公克
糖	13.5 公克
脂肪	15,8 公克
飽和脂肪	3.1 公克
膽固醇	0 毫克
鈣質	31 毫克
纖維	5.2 公克
鈉	563 毫克

P.150 巧克力香蕉杯子蛋糕

熱量	325 大卡
蛋白質	4.8 公克
碳水化合物	35.3 公克
糖	22.8 公克
脂肪	19.3 公克
飽和脂肪	10.5 公克
膽固醇	39 毫克
鈣質	53 毫克
纖維	4 公克
鈉	428 毫克

P.138 胡蘿蔔蘋果蛋糕

熱量	203 大卡
蛋白質	2.4 公克
碳水化合物	31.7 公克
糖	10.6 公克
脂肪	7.1 公克
飽和脂肪	1.3 公克
膽固醇	0 毫克
鈣質	27 毫克
纖維	10.3 公克
鈉	145 毫克

P.152 伏特加巧克力杯子蛋糕

熱量	118 大卡
蛋白質	4.6 公克
碳水化合物	13.3 公克
糖	11.2 公克
脂肪	5.6 公克
飽和脂肪	2.8 公克
膽固醇	116 毫克
鈣質	19 毫克
纖維	1.4 公克
鈉	73 毫克

P.140 無麵粉巧克力捲

熱量	295 大卡
蛋白質	3.4 公克
碳水化合物	22.9 公克
糖	8 公克
脂肪	22.7 公克
飽和脂肪	12.8 公克
膽固醇	71 毫克
鈣質	71 毫克
纖維	1.4 公克
鈉	213 毫克

P.154 柳橙蔓越莓杯子蛋糕

熱量	430 大卡
蛋白質	8.1 公克
碳水化合物	38.5 公克
糖	27.1 公克
脂肪	28.1 公克
飽和脂肪	13.4 公克
膽固醇	137 毫克
鈣質	66 毫克
纖維	1.1 公克
鈉	83 毫克

P.142 檸檬磅蛋糕

熱量	125 大卡
蛋白質	2.2 公克
碳水化合物	16.9 公克
糖	6.8 公克
脂肪	5.5 公克
飽和脂肪	0.8 公克
膽固醇	20 毫克
鈣質	30 毫克
纖維	0.3 公克
鈉	137 毫克

P.156 牛奶蜂蜜瑪德琳

P.158 蘋果方塊蛋糕		P.168 杏桃岩石蛋糕	
熱量	217 大卡	熱量	146 大卡
蛋白質	4.6 公克	蛋白質	2.4 公克
碳水化合物	25.1 公克	碳水化合物	16.6 公克
糖	6.6 公克	糖	3.6 公克
脂肪	11.6 公克	脂肪	8.2 公克
飽和脂肪	6.6 公克	飽和脂肪	4.8 公克
膽固醇	78 毫克	膽固醇	39 毫克
鈣質	35 毫克	鈣質	25 毫克
纖維	2.3 公克	纖維	3.5 公克
鈉	177 毫克	鈉	111 毫克

P.160 海鹽巧克力布朗尼		P.170 桑葚司康	
熱量	131 大卡	熱量	294 大卡
蛋白質	3 公克	蛋白質	4.7 公克
碳水化合物	18 公克	碳水化合物	31.4 公克
糖	12,9 公克	糖	2.3 公克
脂肪	10.6 公克	脂肪	17.3 公克
飽和脂肪	7.5 公克	飽和脂肪	10.3 公克
膽固醇	43 毫克	膽固醇	72 毫克
鈣質	17 毫克	鈣質	67 毫克
纖維	1.5 公克	纖維	5.4 公克
鈉	134 毫克	鈉	165 毫克

P.162 南瓜藍莓馬芬		P.172 燕麥酥	
熱量	173 大卡	熱量	124 大卡
蛋白質	5.5 公克	蛋白質	2.2 公克
碳水化合物	16.9 公克	碳水化合物	11.2 公克
糖	9.8 公克	糖	5.6 公克
脂肪	9.6 公克	脂肪	8.1 公克
飽和脂肪	1.5 公克	飽和脂肪	0.9 公克
膽固醇	29 毫克	膽固醇	0 毫克
鈣質	26 毫克	鈣質	10 毫克
纖維	1.4 公克	纖維	1.4 公克
鈉	82 毫克	鈉	7 毫克

P.164 手指蛋糕		P.178 椰棗核桃餅乾	
熱量	29 大卡	熱量	82 大卡
蛋白質	0.9 公克	蛋白質	0.9 公克
碳水化合物	3.4 公克	碳水化合物	8.4 公克
糖	2 公克	糖	4.6 公克
脂肪	1.5 公克	脂肪	5.1 公克
飽和脂肪	0.2 公克	飽和脂肪	2.5 公克
膽固醇	19 毫克	膽固醇	10 毫克
鈣質	7 毫克	鈣質	7 毫克
纖維	0.1 公克	纖維	1.2 公克
鈉	8 毫克	鈉	1 毫克

P.166 椰子藍莓方塊蛋糕		P.180 拇指印小圓餅	
熱量	316 大卡	熱量	131 大卡
蛋白質	2.1 公克	蛋白質	3.1 公克
碳水化合物	40.6 公克	碳水化合物	12.4 公克
糖	23.7 公克	糖	9.1 公克
脂肪	22.8 公克	脂肪	9.3 公克
飽和脂肪	19.1 公克	飽和脂肪	1.9 公克
膽固醇	51 毫克	膽固醇	0 毫克
鈣質	42 毫克	鈣質	33 毫克
纖維	14.8 公克	纖維	0.9 公克
鈉	310 毫克	鈉	3 毫克

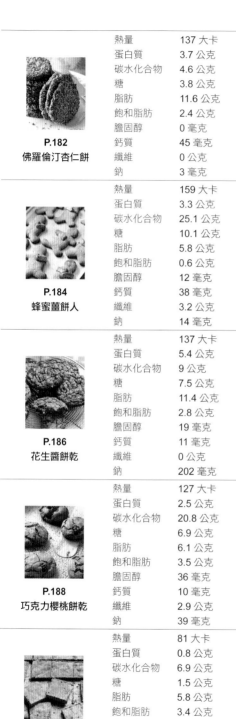

熱量	137 大卡
蛋白質	3.7 公克
碳水化合物	4.6 公克
糖	3.8 公克
脂肪	11.6 公克
飽和脂肪	2.4 公克
膽固醇	0 毫克
鈣質	45 毫克
纖維	0 公克
鈉	3 毫克

P.182 佛羅倫汀杏仁餅

熱量	159 大卡
蛋白質	3.3 公克
碳水化合物	25.1 公克
糖	10.1 公克
脂肪	5.8 公克
飽和脂肪	0.6 公克
膽固醇	12 毫克
鈣質	38 毫克
纖維	3.2 公克
鈉	14 毫克

P.184 蜂蜜薑餅人

熱量	137 大卡
蛋白質	5.4 公克
碳水化合物	9 公克
糖	7.5 公克
脂肪	11.4 公克
飽和脂肪	2.8 公克
膽固醇	19 毫克
鈣質	11 毫克
纖維	0 公克
鈉	202 毫克

P.186 花生醬餅乾

熱量	127 大卡
蛋白質	2.5 公克
碳水化合物	20.8 公克
糖	6.9 公克
脂肪	6.1 公克
飽和脂肪	3.5 公克
膽固醇	36 毫克
鈣質	10 毫克
纖維	2.9 公克
鈉	39 毫克

P.188 巧克力櫻桃餅乾

熱量	81 大卡
蛋白質	0.8 公克
碳水化合物	6.9 公克
糖	1.5 公克
脂肪	5.8 公克
飽和脂肪	3.4 公克
膽固醇	15 毫克
鈣質	7 毫克
纖維	0.5 公克
鈉	1 毫克

P.190 蜂蜜奶油酥餅

熱量	85 大卡
蛋白質	0.3 公克
碳水化合物	4.7 公克
糖	0.8 公克
脂肪	7.3 公克
飽和脂肪	6.3 公克
膽固醇	0 毫克
鈣質	1 毫克
纖維	1 公克
鈉	2 毫克

P.192 生椰子馬卡龍

熱量	3191 大卡
蛋白質	27.4 公克
碳水化合物	153.7 公克
糖	36.3 公克
脂肪	282.9 公克
飽和脂肪	241.2 公克
膽固醇	0 毫克
鈣質	78 毫克
纖維	96.4 公克
鈉	636 毫克

P.193 素食生巧克力

熱量	62 大卡
蛋白質	1.8 公克
碳水化合物	5.4 公克
糖	5.2 公克
脂肪	3.9 公克
飽和脂肪	0.3 公克
膽固醇	0 毫克
鈣質	26 毫克
纖維	0.7 公克
鈉	4 毫克

P.194 杏桃杏仁糖

熱量	759 大卡
蛋白質	20.1 公克
碳水化合物	37.6 公克
糖	22.4 公克
脂肪	59.8 公克
飽和脂肪	11.5 公克
膽固醇	0 毫克
鈣質	56 毫克
纖維	4.8 公克
鈉	20 毫克

P.195 蜂蜜開心果

致謝

　　首先，我要感謝所有吃過這些無糖甜點的朋友。如果你參與過本書的製作過程，擔任食譜試吃員或茶會客人，我要感謝你們對這些點心的指教及喜愛……。就算在過去短暫的交會或者是在未來的相遇，你們對我來說非常重要。我感謝生命中與你們有甜蜜交集！

　　特別感謝：Paul Campbell, Tanya Lam, Charlene Yin, Michael Hocherg 以及我在紐約東村的所有好友、Kindelish 晚宴俱樂部的賓客、生日派對的客人，還有所有試吃者。

　　Bella Erikson, Stu Robertson, Aasha Robertson, Jodi Wille, Richard Stein, Shaman Durek, 以及所有我在洛杉磯的家人，你們對我來說極為寶貴。

　　Sue 和 Alex Glasscock, Alexx Guevara, Julia Corbett, Elise Mallove, Leeta Kunnel, 以及在聖莫尼卡山帶給我許多靈感的所有閨密。

　　Kate Magic, Terri Wingham, Rawvolution, Café Gratitude, Evan Kleiman, 以及所有加州威尼斯的無糖料理原創美食家。

　　還有我遠在英國的親友，你們吃了這些點心之後也發現了，原來無糖甜點不但行得通，而且還很美味呢！

　　最後，也是最重要的，我要感謝總編輯 Joanne Lorenz 辛勤打點一切細節；謝謝攝影師 Nicki Dowey 和道具師的堅持及眼光，把食物拍攝得這麼美；當然還有設計師 Adelle Mahoney。衷心感謝 Lorenz Books 製作團隊的所有成員，謝謝你們！

備註

　　本書的食譜提供了公制、英制、還有量匙適用的測量單位。你可以選擇一種使用，不要混搭，因為它們之間無法標準化換算。

　　量匙的標準量法是必須平匙。1t = 5ml, 1T = 15ml。

　　本書的烤箱溫度用的是傳統烤箱，如果使用旋風烤箱，溫度要調低約 10 ～ 20℃ /20 ～ 40 ℉。而烤箱的溫度又有個別差異，因此建議參考不同廠家的使用說明。

　　營養成份是根據每一份的含量來分析。如果食譜的份數有特定範圍，如 4 ～ 6 份，則以小份量計算，也就是取 6 份中的 1 份計算。營養成份並不包括食譜中可省略的成份，如鹽。

　　食譜中的蛋，除非有特別註明，用的是中型蛋（美國為大型）。

　　封面的照片是維多利亞奢華蛋糕，請參閱 p126 食譜。

注意事項：

　　雖然本書的建議和資訊在出版之際已是準確無誤，但如有任何錯誤或遺漏，或因實踐本書指令或建議而造成任何傷害或損失，本書作者或出版商一律不負任何法律義務或責任，請讀者自行斟酌。

國家圖書館出版品預行編目資料

無糖甜點烘焙寶典 / 伊珊・斯蓓維克（Ysanne Spevack）◎作；妮奇・多伊（Nicki Dowey）◎攝影；鍾岸眞◎譯.——初版.——台中市：晨星，2017.08
　　面；公分.（健康與飲食；113）
譯自：The no-sugar! desserts & baking cookbook

　　ISBN 978-986-443-282-0（平裝）

　　1.點心食譜

427.16　　　　　　　　　　　　　　　106008311

無糖甜點烘焙寶典

THE NO-SUGAR! DESSERTS & BAKING COOKBOOK

健康與飲食 113

作者	伊珊・斯蓓維克（Ysanne Spevack）
攝影	妮奇・多伊（Nicki Dowey）
譯者	鍾岸眞
主編	莊雅琦
編輯助理	劉容瑄
網路行銷	吳孟青
美術編排	林姿秀
封面設計	柯俊仰

創辦人　陳銘民
發行所　晨星出版有限公司
　　　　台中市407工業區30路1號
　　　　TEL：（04）2359-5820　FAX：（04）2355-0581
　　　　E-mail: health119@morningstar.com.tw
　　　　http://www.morningstar.com.tw
　　　　行政院新聞局版台業字第2500號
法律顧問　陳思成律師
初版　西元2017年08月06日
劃撥帳號　22326758（晨星出版有限公司）
讀者專線　04-23595819#230

印刷　上好印刷股份有限公司

定價 390 元
ISBN　978-986-443-282-0

Original Title: THE NO-SUGAR! DESSERTS & BAKING COOKBOOK
（Ysanne Spevack）
Copyright © Anness Publishing Limited, UK 2015
Copyright © Complex Chinese translation, Morning Star Publishing Inc., 2016

Published by Morning Star Publishing Inc.
Printed in Taiwan.

iez Home Products 來自台灣美食的古都——台南，至今已有幫歐美知名大品牌代工廿幾年的歷史，客人皆來自美國、英國、加拿大、澳洲、法國、德國、西班牙等地。擁有多年代工經驗的我們，深刻瞭解到國外對鍋具、烤盤，從產品用料、生產過程至使用安全是何等的重視。

近年來台灣食安問題不斷，遂讓我們決定要創立烤盤品牌 EZBAKE，讓國人能用經濟實惠的價格，享有國外知名大品牌的優質烘焙用具及最重要的安全品質；並針對國人喜歡大火快炒的烹調習慣，開發耐高溫並兼具環保、衛生，適合煎、烤、蒸、煮的多用途煎炒鍋品牌－自然食器®_饗鐵鍋。

從一開始產品的用料選擇，到整個生產過程對環境的友善，都秉持著安全、耐用、衛生、無汙染，且可百分之百回收等原則。為了國人的健康及地球的永續經營，iez Home Products 希望從小地方做起，和您一齊努力。